デジタルリテラシーの基礎 ❸

アプリケーションソフトの基礎知識

IC3 GS5
キーアプリケーションズ対応

滝口 直樹

- IC3、IC3 Digital Literacy Certificationロゴは、米国およびその他の国におけるCertiport,Inc.の商標または登録商標です。

- Microsoft、Windows、Excel、PowerPoint、Access、Outlookは、米国 Microsoft Corporationの米国およびその他の国における登録商標または商標です。

- その他、本文中に記載されている会社名、製品名、サービス名は、すべて関係各社の商標または登録商標、商品名です。

- 本文中では、™マーク、®マークは明記しておりません。

- 本書に掲載されている全ての内容に関する権利は、株式会社オデッセイ コミュニケーションズ、または、当社が使用許諾を得た第三者に帰属します。株式会社オデッセイ コミュニケーションズの承諾を得ずに、本書の一部または全部を無断で複写、転載・複製することを禁止します。

- 株式会社オデッセイ コミュニケーションズは、本書の使用よる「IC3 GS5 キー アプリケーションズ」の合格を保証いたしません。

- 本書に掲載されている情報、または、本書を利用することで発生したトラブルや損失、損害に対して、株式会社オデッセイ コミュニケーションズは一切責任を負いません。

はじめに

パソコンの登場以来、世界は大きな変化を遂げてきました。

まったく考えられなかった簡便さで世界はつながり、新しいビジネスの誕生とともに新しい富が作り出され、新しい勝者が世界に誕生しています。

世界規模で起こりつつあるこの大きな変化をもたらしてきたのは、パソコンであり、インターネットです。

デジタルリテラシーの基礎知識を問う認定資格 IC3（アイシースリー）は、世界の19言語で実施されている、当分野で最も優れた資格試験のひとつです。

ハードウェア、ソフトウェア、インターネットの機能・概念・操作方法の基本を程よく網羅しており、IC3を取得することで、デジタルリテラシーの基礎を身につけ、現在進行中のデジタル革命に自信を持って対応することができます。

本書は、IC3 GS5の試験科目「キー アプリケーションズ」の出題範囲に対応したコースウェアとして、試験対策はもちろんのこと、ワープロソフトや表計算ソフトといった代表的なアプリケーションソフトに関する基本的な知識や操作方法を体系的に学べる内容になっています。

本書をご活用いただき、デジタルリテラシーの習得やIC3の受験にお役立てください。

株式会社オデッセイ コミュニケーションズ

目次

はじめに ……………………………………………………………………………… iii

本書について ………………………………………………………………………… viii

IC3 (アイシースリー) 試験概要 …………………………………………………… x

chapter 01　一般的な機能　　1

1-1　基本操作 ……………………………………………………… 2

1-1-1　文字列やセルの選択 ……………………………………… 2

1-1-2　ドラッグ アンド ドロップの操作 ………………………… 5

1-1-3　元に戻す、やり直し、繰り返し …………………………… 6

1-1-4　ズーム機能 …………………………………………………… 9

1-1-5　基本的なショートカット ………………………………… 10

1-2　テキストの扱い ……………………………………………… 11

1-2-1　切り取り、コピー、貼り付け …………………………… 11

1-2-2　検索と置換 ………………………………………………… 15

1-2-3　入力支援 …………………………………………………… 24

1-2-4　校閲機能 …………………………………………………… 27

1-3　画像の扱い …………………………………………………… 32

1-3-1　画像の挿入 ………………………………………………… 32

1-3-2　画像の編集 ………………………………………………… 34

1-4　ファイルの扱い ……………………………………………… 40

1-4-1　ファイルの作成 …………………………………………… 40

1-4-2　テンプレートの使用 ……………………………………… 41

1-4-3　ファイルを開く、閉じる ………………………………… 42

1-4-4　ファイルの保存 …………………………………………… 43

1-4-5　保護ビュー・読み取り専用ビュー ……………………… 44

1-4-6　保護モード ………………………………………………… 47

1-4-7　ファイルの検査 …………………………………………… 54

chapter 02 ワープロソフト 57

2-1 ワープロソフトの基本 58
2-1-1 ワープロソフトの構成 58

2-2 文字の書式 61
2-2-1 文字の書式 61
2-2-2 スタイルとテーマの利用 63
2-2-3 表の使用 69

2-3 段落や行の設定 78
2-3-1 段落の文字列の配置 78
2-3-2 行間 79
2-3-3 インデントとタブ 81

2-4 ページ設定 90
2-4-1 ページレイアウトの基本設定 90
2-4-2 ヘッダー・フッター・ページ番号 96

2-5 印刷 98
2-5-1 印刷 98

2-6 校閲 100
2-6-1 変更履歴の記録 100
2-6-2 変更箇所への対応 101
2-6-3 文書の保護・編集の制限 105

2-7 保存 108
2-7-1 互換性のあるファイル形式 108

chapter 03 表計算ソフト 111

3-1 表計算ソフトの基本 112
3-1-1 表計算ソフトの構成 112

3-2 セル・行列 115
3-2-1 セルのデータ 115
3-2-2 行列の挿入と削除 123

3-2-3	データのフィルターや並べ替え	126
3-2-4	セルの書式	134
3-2-5	セルを結合する	144
3-2-6	シートの取り扱い	146

3-3 数式と関数 — **149**

3-3-1	数式	149
3-3-2	セル参照	150
3-3-3	関数	154

3-4 グラフ — **165**

3-4-1	グラフの作成・編集	165

3-5 テーブル — **172**

3-5-1	テーブルの作成	172
3-5-2	テーブルを利用し操作する	174

3-6 保存 — **176**

3-6-1	互換性のあるファイル形式	176

---

chapter 04 プレゼンテーションソフト **179**

4-1 プレゼンテーションソフトの基本 — **180**

4-1-1	プレゼンテーションソフトの構成	180

4-2 スライド作成 — **190**

4-2-1	スライドの作成と管理	190
4-2-2	スライドのデザイン	197
4-2-3	画像やメディアファイルの挿入、管理	210

4-3 アニメーションと画面切り替え — **213**

4-3-1	アニメーション	213
4-3-2	画面切り替え	221

4-4 プレゼンテーション — **226**

4-4-1	プレゼンテーションの設定	226
4-4-2	外部／マルチモニターに接続して プレゼンテーションを表示する方法	229

4-5　共有 **233**

4-5-1　印刷 (スライド、配付資料、アウトライン、ノート) 233

4-5-2　保存・発行 235

chapter 05　データベースソフト　239

5-1　データベース 240

5-1-1　データベースの概念 240

5-1-2　データベースの活用 242

5-2　リレーショナルデータベース 244

5-2-1　リレーショナルデータベースの基本概念 244

5-2-2　リレーショナルデータベースの構造 246

chapter 06　アプリの利用　251

6-1　アプリの基本 252

6-1-1　アプリ・アプリケーションとは 252

6-1-2　アプリ・アプリケーションのすみわけ 253

6-2　アプリ・アプリケーションの入手 255

6-2-1　アプリ・アプリケーションの入手方法 255

6-2-2　Webアプリ 257

6-3　アプリのジャンル 259

6-3-1　ビジネス 259

6-3-2　マルチメディア (創作) 260

6-3-3　生活 263

練習問題　266

解答と解説　280

索引 295

本書について

本書の目的

本書は、アプリケーションソフトに共通する機能、ワープロソフト・表計算ソフト・プレゼンテーションソフトの基本的な操作、データベースの基本概念、アプリの利用などに関する基本的な知識を体系的に学習することを目的にした書籍です。

また、本書は国際資格『IC3 グローバルスタンダード5』(以下「IC3 GS5」)の『キー アプリケーションズ』の出題範囲を網羅しており、試験対策テキストとしてもご利用いただけます。

対象読者

本書では、ワープロソフトや表計算ソフト、プレゼンテーションソフトといった代表的なアプリケーションソフトに関する基本的な知識や操作についてこれから学習しようという方、および『IC3 GS5 キー アプリケーションズ』の合格を目指す方を対象としています。

本書の表記

本書では、右記の略称を使用しています。

※右記以外のその他の製品についても略称を使用しています。

名称	略称
Windows 10 Pro	Windows、Windows10
Microsoft Office Word 2016	Word
Microsoft Office Excel 2016	Excel
Microsoft Office PowerPoint 2016	PowerPoint
Microsoft Office Access 2016	Access

学習環境

本書の学習には以下のPC環境が必要です。

- Windows 10
- Microsoft Office 2016

本書は以下の環境での画面および操作方法で記載しています。(2019年11月現在)

- Windows 10 Pro (64ビット版)
- Microsoft Office Professional Plus 2016

基本的にWindows 10やOffice Professional Plus 2016は初期設定の状態です。

Windows 10のアップデート(Windows Update)により、Windows 10の設定画面、メニュー、ウィンドウ内の項目名や設定内容などが異なる場合があります。Office 365、Office 2016(クイック実行)をご利用の方にも学習いただけますが、Officeの更新により、リボン、メニュー、コマンドボタンの名称や配置などが異なる可能性があります。あらかじめご了承ください。

学習の進め方

第1章（chapter01）から第6章（chapter06）を順番に学習されることをお勧めしますが、必ずしも章の順番通りに学習することはありません。

第1章（chapter01）から第4章（chapter04）では、提供する学習用データを使用して、アプリケーションソフトの操作方法を学習します。

本書の巻末には、学習した内容の理解度をはかる「練習問題」を63問掲載しています。解答と解説と合わせてご利用ください。

学習用データのダウンロード

学習用データは以下の手順でダウンロードしてご利用ください。

1. ユーザー情報登録ページを開き、認証画面にユーザー名とパスワードを入力します。

デジタルリテラシーの基礎③

アプリケーションソフトの基礎知識
IC3 GS5 キーアプリケーションズ対応

▼学習用データダウンロードページ

ユーザー情報登録ページ	：https://ic3.odyssey-com.co.jp/book/gs5ka/
ユーザー名	：ic3Gs5kA（GとAは大文字）
パスワード	：U3A8m4Br（ユー・3・エー・8・エム・4・ビー・アール） ※パスワードは大文字小文字を区別します。

---

2. ユーザー情報登録フォームが表示されたら、メールアドレスなどのお客様情報を入力して登録します。
3. 登録されたメールアドレス宛に、学習用データダウンロードページのURLを記載したメールが届きます。
4. 受信したメールに記載されたURLをブラウザーで開き、学習用データをダウンロードします。
5. ダウンロードするデータはZIP形式で圧縮されています。ダウンロード後、任意のフォルダーにファイルを展開してください。

実習用データに関する注意事項

- 実習に使用するファイルは、学習用データの各章のフォルダーに保存されています。
  （例：chapter01で使用するファイルは「c01」フォルダーに保存）
- 本文内の【実習】で指示がない限り、操作後のファイルは保存せずに閉じるか、別の名前を付けて保存してください。繰り返し学習される場合は、ファイルに別の名前を付けて保存されることをお勧めします。

IC3（アイシースリー）試験概要

IC3（アイシースリー）とは

　IC3（アイシースリー）は、コンピューターやインターネット、アプリケーションソフトといったデジタルリテラシーの知識とスキルを総合的に証明する国際資格です。ITリテラシーの国際基準として、CompTIAやISTE（国際教育技術協会）をはじめ、国際的な教育・IT団体・政府機関から広く推奨・公認されています。これまで78か国で500万試験以上が実施されており、世界中の学生や社会人のデジタルリテラシーの証明に活用されています。

　IC3 GS5は、IT社会の最新動向に対応する知識やスキルが反映されたIC3の最新版の試験です。学校や職場に限らず、日々の生活などあらゆる場面で通用するデジタルリテラシーを学習できます。

試験科目

　試験は、「コンピューティング ファンダメンタルズ」、「キー アプリケーションズ」、「リビング オンライン」の3科目で構成されており、3科目すべてに合格するとIC3の認定を受けられます。

コンピューティング ファンダメンタルズ	モバイル・コンピューターハードウェア、OSの知識や操作方法、ソフトウェアに関する基礎知識、基本的なトラブルシューティング、コンピューター利用時のセキュリティなど幅広い知識が問われます。
リビング オンライン	インターネットの利用、電子メールやスケジュール管理、SNSなどのオンラインコミュニケーション、デジタル社会のルール・モラル・スキルなどが問われます。
キー アプリケーションズ	アプリケーションソフトに共通する一般的な機能、ワープロソフト、表計算ソフト、プレゼンテーションソフトといった代表的なアプリケーションの基本的な操作、アプリに関する基本的な知識や操作方法などが問われます。

試験の形式と受験料

試験の方式や出題形式、受験料は次のとおりです。

試験方式	コンピューター上で実施するCBT（Computer Based Testing）方式
出題形式	選択式問題（択一、複数選択）、並べ替え問題、操作問題* ＊ 操作問題は、アプリケーションを擬似的に再現した環境（シミュレーション）を使用して解答を行います。
問題数	45～50問前後
試験時間	50分
受験料（一般）	1科目　　　　　5,000円＋消費税 3科目一括　　13,500円＋消費税※1
受験料（学生）※2	1科目　　　　　4,000円＋消費税 3科目一括　　12,000円＋消費税

※1　一括の金額は、3科目一括同日受験でお申込みの場合のみ適用されます。
※2　学生の方は試験申込み時に、試験会場に学生である旨を必ずご自身で申告してください。試験申込み時に申告漏れがあった場合、試験終了後の学生価格への変更は一切対応できません。あらかじめご了承ください。

出題形式について

IC3 GS5の『キー アプリケーションズ』の試験は、選択問題と操作問題が出題されます。

操作問題は、Windows 10とOffice Professional 2016を擬似的に再現した環境（シミュレーション）で実施します。このため、試験画面に表示されるメニューや項目名などと本書の解説に違いがある可能性があります。

その他、詳しい内容については、IC3公式サイトを参照してください。
　　URL：https://ic3.odyssey-com.co.jp/

試験の出題範囲と本書の対応表

『IC3 GS5 キー アプリケーションズ』の出題範囲と本書で解説している章の対応表です。学習の参考にしてください。

大分類	小分類	対応する章
一般的な機能	• ショートカットキーの適切な利用 • コンテンツの種類 • スペルチェック機能の利用 • コメント機能の利用 • Microsoft Office の［検索と置換］機能の利用 • コンテンツの選択 • グラフィックインターフェース（GUI）を使った元に戻す / やり直しの操作 • マウスを使ったコンテンツの移動 • 読み取り専用ビューの概念 • 保護モードの概念 • ズームの倍率変更	1章 2章 3章 4章
ワープロソフトの利用	• 文字の書式設定 • ページレイアウトのオプション設定 • 既存のスタイルの変更 • ファイルの作成 • 段落レイアウトの設定 • 文書印刷のための準備 • 印刷オプションの設定 • 変更履歴の利用 • 表の作成 • Microsoft Word で利用できるファイル形式	2章
表計算ソフトの利用	• 表計算シートの一般的な要素 • 行と列の操作 • 行の高さ、列の幅の設定 • シート内のデータの並べ替えとフィルター • 関数、数式、演算子 • シートへのデータ入力 • Excel のグラフの活用 • Excel のテーブルの活用 • セルやセル内のデータの操作 • セルや文字列の書式設定 • Microsoft Excel で利用できるファイル形式 • ブックのテンプレートの利用 • 別のシートにあるデータを参照する数式の作成	3章
データベースの基本概念	• データの概念 • データベースの Web サイトでの活用方法 • リレーショナル データベースの要素 • メタデータの定義	5章
プレゼンテーション ソフトの利用	• Microsoft PowerPoint で利用できるファイル形式 • 音声・動画出力デバイスの利用 • プレゼンテーションの表示 • アニメーションや画面切り替えの設定 • スライドの作成と管理 • スライドのレイアウトや見た目の管理 • プレゼンテーションの構成の管理	4章
アプリの利用	• デスクトップアプリ、モバイルアプリの取得とインストール • アプリのカテゴリー • アプリ、アプリケーションの長所と短所	6章
画像の編集	• Office 文書への画像の挿入 • Office 文書内の画像のトリミング	1章

一般的な機能

ユーザーが効率的にPCを利用できるように、多くのソフトウェアには共通する操作や機能が用意されています。ここでは、さまざまなソフトウェアに共通する機能や操作について学習します。

1-1 基本操作

　代表的なオフィスソフトウェアである「Microsoft Office」には、ワープロソフトの「Word」、表計算ソフトの「Excel」、プレゼンテーションソフトの「PowerPoint」、データベースソフトの「Access」などがあり、これらのソフトウェア共通の基本操作や機能が用意されています。
　ここでは、オフィスソフトウェアの基本操作を中心に学習します。

1-1-1　文字列やセルの選択

　オフィスソフトウェアを操作するためには、文字列やセル（マス目）の選択が必要になります。ここでは、操作の基本中の基本といえる文字列やセルの選択について学習します。

文字列の選択

　WordやPowerPointなどで文字列を選択するには、対象となる文字列の始点から終点までをドラッグして選択します。

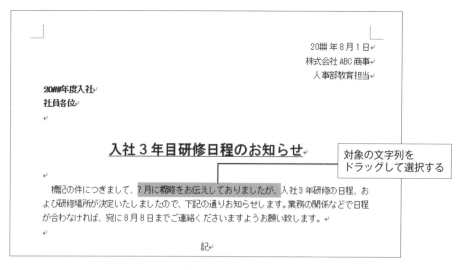

文字列の選択

行と段落の選択

　行を選択するには、選択する行の左側の余白エリアでマウスポインターの形が右向きの矢印になったら余白部分をクリックします。

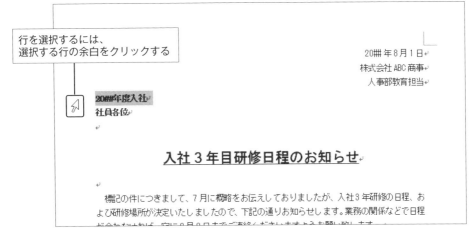

行の選択

段落を選択するには、段落の文字列をドラッグしてすべて選択する方法や、行の選択と同様に左余白のエリアで複数行分をドラッグする方法がありますが、段落内にマウスポインターを合わせてトリプルクリックすると簡単に選択できます。

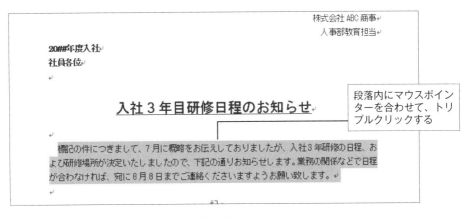

段落の選択

セルの選択

Excel のワークシートは、縦横に並んだマス目で構成されています。このマス目を「セル」と呼びます。

セルを選択する場合、選択するセルが一つなら対象のセルをクリックします。隣り合わせの複数のセルを選択する場合は、始点のセルから終点のセルをドラッグして選択します。選択したセルの範囲を「セル範囲」といいます。

	A	B	C	D	E	F	G	H	I
1	1Q店舗別売上								
2	店舗名	1月	2月	3月	店舗別計				
3	銀座	18,750,000	21,130,000	21,448,000	61,328,000				
4	丸の内	20,140,000	22,051,000	20,140,000	62,331,000				
5	品川	12,050,000	11,054,000	12,900,000	36,004,000				
6	自由が丘	11,405,000	10,870,000	9,840,000	32,115,000				
7	恵比寿	12,501,000	12,344,000	13,926,000	38,771,000				
8	青山	12,973,000	13,081,000	13,277,000	39,331,000				
9									

対象のセルをクリックする

セルの選択

	A	B	C	D	E	F	G	H	I
1	1Q店舗別売上								
2	店舗名	1月	2月	3月	店舗別計				
3	銀座	18,750,000	21,130,000	21,448,000	61,328,000				
4	丸の内	20,140,000	22,051,000	20,140,000	62,331,000				
5	品川	12,050,000	11,054,000	12,900,000	36,004,000				
6	自由が丘	11,405,000	10,870,000	9,840,000	32,115,000				
7	恵比寿	12,501,000	12,344,000	13,926,000	38,771,000				
8	青山	12,973,000	13,081,000	13,277,000	39,331,000				
9									

始点のセルから終点のセルまでドラッグする

隣り合わせのセルの選択

　なお、隣り合わせていない複数のセルを選択するには、選択する2つめのセルから、[Ctrl]キーを押しながらセルを順番にクリックします。

	A	B	C	D	E	F	G	H	I
1	1Q店舗別売上								
2	店舗名	1月	2月	3月	店舗別計				
3	銀座	18,750,000	21,130,000	21,448,000	61,328,000				
4	丸の内	20,140,000	22,051,000	20,140,000	62,331,000				
5	品川	12,050,000	11,054,000	12,900,000	36,004,000				
6	自由が丘	11,405,000	10,870,000	9,840,000	32,115,000				
7	恵比寿	12,501,000	12,344,000	13,926,000	38,771,000				
8	青山	12,973,000	13,081,000	13,277,000	39,331,000				
9									

[Ctrl] キーを押しながら、セルを順番にクリックする

隣り合わせていないセルの選択

また、セル内の文字列を選択し編集するには、3つの方法があります。

- セル上でダブルクリックして、セル内の文字列を編集する
- セルを選択してキーボードの［F2］キーを押し、文字列を編集状態にする
- セルを選択して、数式バーでセル内の文字列を編集する

	A	B	C	D	E	F	G	H	I
1	1Q店舗別売上								
2	店舗名	1月	2月	3月	店舗別計				
3	銀座	18,750,000	21,130,000	21,448,000	61,328,000				
4	丸の内	20,140,000	22,051,000	20,140,000					
5	品川	12,050,000	11,054,000	12,900,000	36				
6	自由が丘	11,405,000	10,870,000	9,840,000	32				
7	恵比寿	12,501,000	12,344,000	13,926,000	38,771,000				
8	青山	12,973,000	13,081,000	13,277,000	39,331,000				
9									

A4　　fx　丸の内

> 対象のセルをダブルクリックして編集する
> セルを選択し［F2］キーを押して編集する
> または、
> セルを選択し、数式バーで文字列を編集する

セル内の文字列の選択

オブジェクトの選択

　図形や画像（オブジェクト）を選択するには、対象のオブジェクトをクリックします。なお、文書またはブック内にある画像、図形、グラフだけを選択する場合は、［ホーム］タブの［編集］グループにある［オブジェクトの選択］機能を使用します。複数のオブジェクトを選択するには、［Ctrl］キーを押しながら対象のオブジェクトをクリックします。ただし、［オブジェクトの選択］を使用すると、文字列やセルが選択できなくなるため、状況に応じてこの機能を利用しましょう。

　なお、PowerPointでは、［オブジェクトの選択］が既定で有効になっています。これは、スライドがプレースホルダーと呼ばれるオブジェクトで構成されているためです。

1-1-2　ドラッグ アンド ドロップの操作

　データの移動は、「ドラッグ アンド ドロップ」というマウスを使った操作方法を活用します。移動先が同じファイル内の近い位置なら、ドラッグ アンド ドロップによる方法が手軽です。

ドラッグ アンド ドロップ

　ドラッグ アンド ドロップは、選択した文字列やオブジェクトの上にマウスカーソルでポイントし、マウスの左ボタンを押しながらマウスを動かす「ドラッグ」、そして移動したい位置で左ボタンの指を離して移動を完了する「ドロップ」を組み合わせた操作です。

たとえば、特定の文字列を移動するには、その文字列をドラッグして選択し、反転した文字列をポイントします。マウスポインターが矢印（ ）に変化したら、移動先にドラッグして左ボタンから指を離す（ドロップする）ことで文字列を移動できます。

1-1-3　元に戻す、やり直し、繰り返し

「元に戻す」、「やり直し」、「繰り返し」の機能は、Word、Excel、またはPowerPointなどのMicrosoft Officeに共通する機能のひとつです。

元に戻す、やり直し

「元に戻す」機能は、直前の操作を取り消して、操作前の状態に戻します。「やり直し」機能は、直前に実行した「元に戻す」を取り消して、操作後の状態に再度戻します。

なお、「元に戻す」を実行すると、［繰り返し］ボタンが［やり直し］ボタンに変更されます。つまり、「やり直し」は「元に戻す」の直後に実行できることになります。

［元に戻す］、［やり直し］は、いずれもクイックアクセスツールバーから操作します。

【実習】「野生動物2.docx」のタイトルの文字列を使用して、「元に戻す」と「やり直し」の操作を実行します。

①「野生動物2.docx」を開き、タイトルの文字列「野生動物の保護」を選択します。

②[ホーム] タブの [フォント] グループにある [B] (太字) をクリックします。

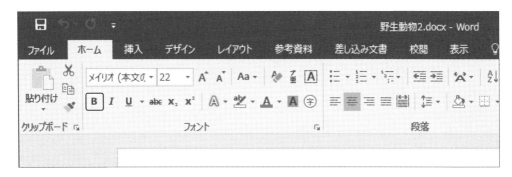

③文字列「野生動物の保護」に太字の書式が適用されていることを確認します。

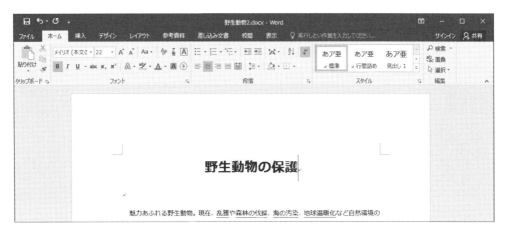

④クイックアクセスツールバーにある [元に戻す 太字] をクリックします。
　※ショートカットキーの [Ctrl] + [Z] キーでも同じ操作が行えます。

⑤「野生動物の保護」の文字列から太字の書式がなくなり、元に戻されたことを確認します。

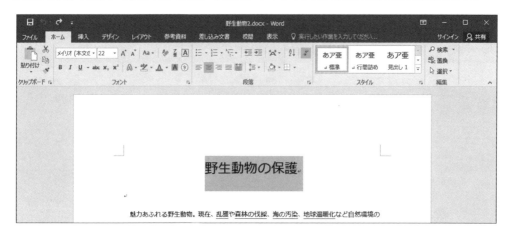

⑥クイックアクセスツールバーの［やり直し 太字］アイコンをクリックします。

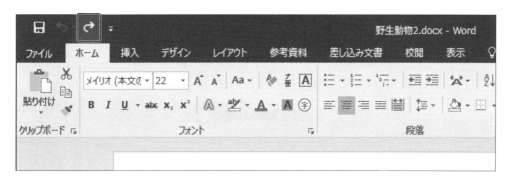

⑦「野生動物の保護」の文字列に、再度太字の書式が適用されたことを確認します。

操作の履歴

［元に戻す］の右側の▼をクリックすると、操作の履歴が一覧表示されます。表示された履歴のいずれかをクリックすると、その操作まで戻ることができます。

繰り返し

　クイックアクセスツールバーの［繰り返し］ボタンをクリックすると、直前に行った操作を繰り返し実行できます。［元に戻す］を実行していなければ、［やり直し］ボタンではなく［繰り返し］ボタンが表示されます。

　次の図は、前述の【実習】で行った文字の書式を変更したあと、別の文字列を選択して、［繰り返し］ボタンをクリックした状態を表しています。

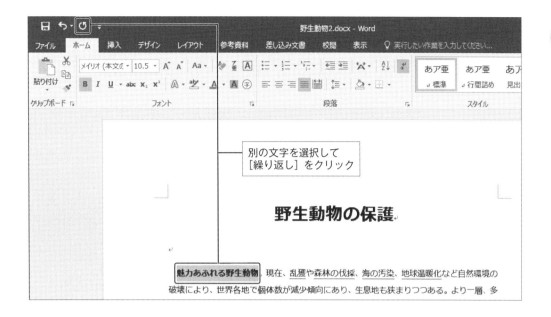

1-1-4 ズーム機能

作業する画面の表示倍率を変更して、使いやすい作業環境に設定できます。

ズームの使い方

表示倍率の変更は、ステータスバー（画面下部にあるアプリケーションの状態を示す領域）の右側にある「ズームスライダー」や［表示］タブの［ズーム］グループから行います。

ズームスライダーは、マウスカーソルでスライダー両端にある［＋］または［－］の記号をクリックするか、スライダーをドラッグして調整します。また、キーボードの［Ctrl］キーを押しながらマウスのホイール（マウス中央にある回転する部品）を回転することでも調整できます。

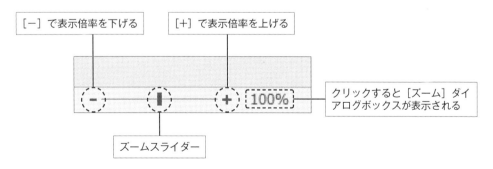

ズームスライダー

また、表示倍率が表示されている部分をクリックすると、［ズーム］ダイアログボックスが表示されます。ダイアログボックスでは、倍率の選択のほか、表示する倍率を値で指定できます。

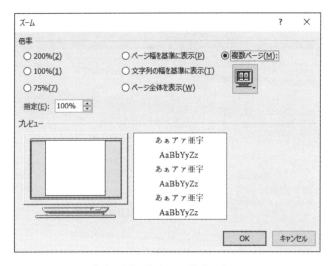

［ズーム］ダイアログボックス

1-1-5 基本的なショートカット

　Wordなどのアプリケーションでは、各種操作を実行する手段として、リボンのボタンをクリックしたり、ダイアログボックスを操作したりする以外に、キーボードを使用する「ショートカットキー」があります。［Ctrl］キーとアルファベットキーまたは数字キーの組み合わせなど、さまざまなショートカットキーが用意されています。ショートカットキーはマウス操作に比べて、すばやく実行できる点がメリットです。

アプリケーションに共通するショートカットキーの例

キー操作	機能
［Ctrl］＋［C］	コピー
［Ctrl］＋［X］	切り取り
［Ctrl］＋［V］	貼り付け
［Ctrl］＋［N］	新規ファイルを開く
［Ctrl］＋［O］	ファイルを開く
［Ctrl］＋［S］	上書き保存
［Ctrl］＋［A］	すべて選択

キー操作	機能
［Ctrl］＋［P］	印刷
［Ctrl］＋［F］	検索
［Ctrl］＋［H］	置換
［Ctrl］＋［Z］	元に戻す
［Ctrl］＋［Y］	やり直し
［Ctrl］＋［F4］	終了
［F12］	名前を付けて保存

各種操作を実行するため、アプリケーションに与える命令や指示のことを「コマンド」といいます。ユーザーは、アプリケーションの持つ機能をコマンドとして実行して、さまざまな処理を行います。たとえば、文字に太字の書式を設定する処理は、アプリケーションの［太字］ボタンをクリックします。このようにコマンドを実行するボタンを「コマンドボタン」といいます。

1-2 テキストの扱い

　テキスト（文字）情報の扱いは、多くのソフトウェアで共通しています。単純な入力操作だけでなく、テキストの扱いに関する機能を使いこなすことができれば、作業効率が格段に向上します。ここでは、テキストを効率的に扱うための機能について学習します。

1-2-1　切り取り、コピー、貼り付け

　文書上の文字列や図形などのデータは、別の場所にコピー（複製）したり、移動したりできます。

データのコピー

　データの複製を作る場合に使用するコマンドは［コピー］と［貼り付け］です。操作手順は次のとおりです。

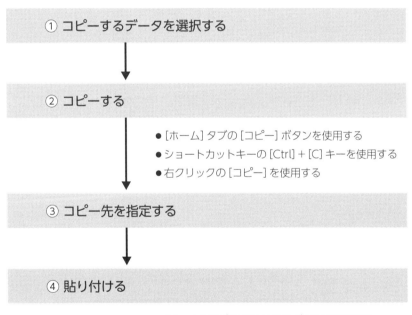

【実習】「新人研修2.docx」の「ご不明な点は、人事部教育担当までご連絡ください。」の文字列をコピーして、表の下の「※」のうしろに貼り付けます。

①「新人研修2.docx」を開きます。
②本文の文字列「ご不明な点は、人事部教育担当までご連絡ください。」を選択し、[ホーム]タブの[コピー]、または[Ctrl]+[C]キーを使用して、文字列をコピーします。

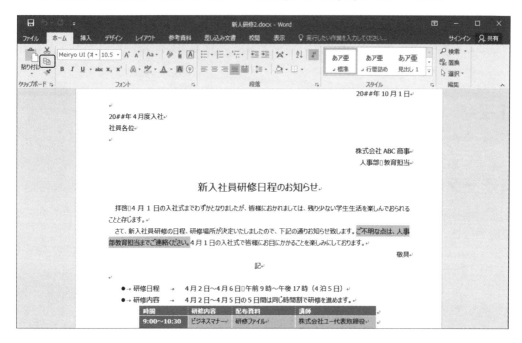

③表の下にある「※」のうしろをクリックして、[ホーム]タブの[貼り付け]、または[Ctrl]+[V]キーを使用し文字列を貼り付けます。

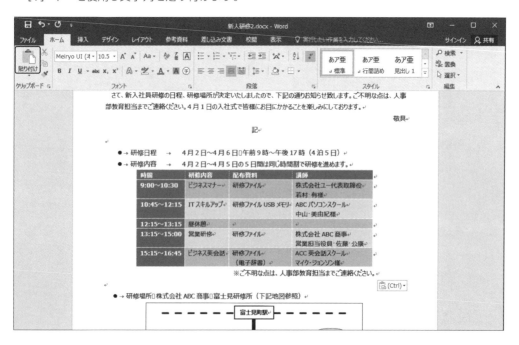

データの移動（切り取り）

データを別の位置に移動する場合に使用するコマンドは［切り取り］と［貼り付け］です。操作手順は次のとおりです。

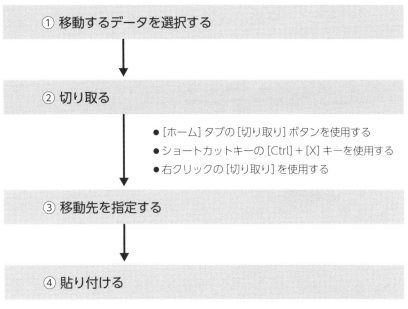

【実習】「コンピューターの基礎3.docx」の本文の3つ目の段落を切り取り、2番目の段落になるように貼り付けます。

①「コンピューターの基礎3.docx」を開きます。

②本文3番目の段落「CPUの性能を決める～性能が高いとわかります。」までの段落（7行）を選択します。

※段落を選択する方法には、7行の文字列をドラッグして選択する方法と該当の段落上でトリプルクリックをして選択する方法があります。

③［ホーム］タブの［切り取り］、または［Ctrl］＋［X］キーを使用して段落を切り取ります。

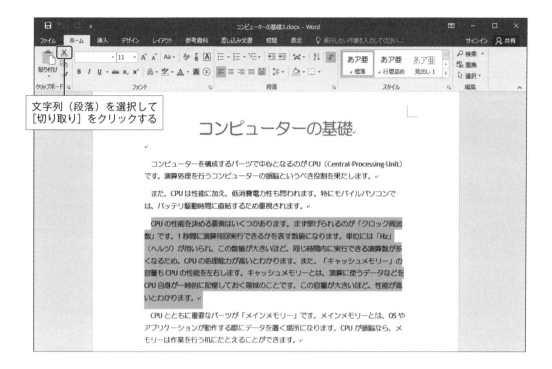

④2番目の段落「また、CPUは・・・」の「ま」の前にカーソルを置き、[ホーム] タブの [貼り付け]、または [Ctrl] + [V] キーを使用して③で切り取った段落を貼り付けます。

※7行分の段落を貼り付けると [貼り付けのオプション] が表示されます。この実習では [貼り付けのオプション] をクリックした操作は行いません。

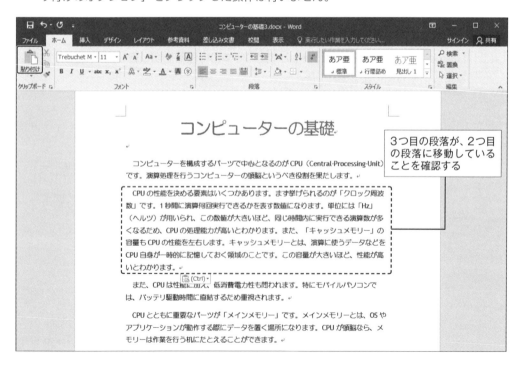

Wordで、文字列、図や画像などのオブジェクトをコピーして貼り付けをすると、貼り付けた箇所に［貼り付けのオプション］が表示されます。前述の段落を切り取って貼り付ける【実習】の④で、段落を貼り付けたあと、［貼り付けのオプション］から［テキストのみ保持］を選択すると、段落の書式が失われた状態になり、「また、CPUは性能に加え、…」の段落と結合された状態で文字列が貼り付けられます。

［貼り付けのオプション］では、次のオプションを選択できます。

- 貼り付け先のスタイルを使用 … 貼り付け先の文書にテーマが設定されている場合表示されるオプション
- 元の書式を保持 … 元の書式を保持したまま貼り付ける場合に使用
- 書式を結合 … 貼り付け先と元の書式を結合する場合に使用
- テキストのみ保持 … 文字・段落書式、画像、表などのオブジェクトの情報を取り除いたテキスト情報のみを貼り付ける場合に使用

1-2-2　検索と置換

文書内にある特定の文字列を検索したり、指定した別の文字列に置き換えたりできます。

検索機能の使い方

Wordの検索

Wordでは、通常の文字列の「検索」に加え、「高度な検索」も利用できます。

通常の「検索」は、［ホーム］タブの［編集］グループにある［検索］をクリックし、画面の左側に表示される[ナビゲーション ウィンドウ]に検索する文字列を入力して実行します。

検索結果は[ナビゲーション ウィンドウ]に一覧で表示され、クリックすると文書内の該当箇所に移動します。

「高度な検索」は、［ホーム］タブの［編集］グループにある［検索］の右側の▼をクリックし、[高度な検索]を選択します。[検索と置換]ダイアログボックスが表示され、通常の検索とは異なりオプションを利用した検索が可能になります。ダイアログボックスにオプションが表示されない場合は、ダイアログボックスの左下にある[オプション＞＞]をクリックします。

検索のオプションでは、「あいまい検索」のチェックを外すことで、大文字と小文字や、半角と全角を区別した検索などが可能になります。また、ダイアログボックスの下部にある[書式]か

ら、文字の装飾などを条件に加えた検索もできます。

【実習】「コンピューターの基礎7.docx」を開き、文字列「CPU」を検索します。

①「コンピューターの基礎7.docx」を開きます。
②[ホーム]タブの[編集]グループにある[検索]をクリックします。
　※ショートカットキーの[Ctrl]＋[F]でも検索を実行できます。

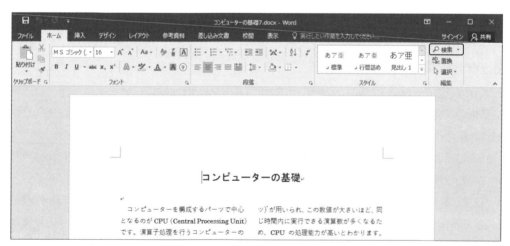

③画面左側に表示される[ナビゲーション ウィンドウ]の検索ボックスに『CPU』を入力します。

④検索された文字列の背景が黄色で表示され、検索ボックスの下に該当箇所が表示されます。

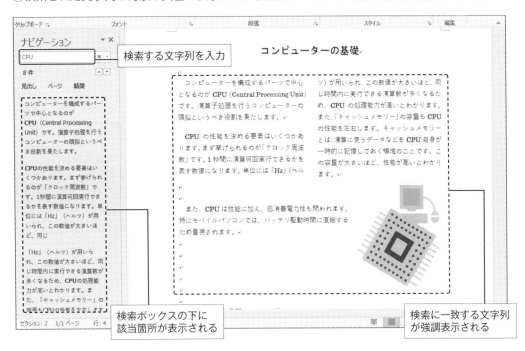

⑤検索ボックスの下にある［▼］（次を検索）をクリックすると、文書内の該当箇所が強調されます。
　※［ナビゲーション ウィンドウ］に表示された段落や文字列を直接クリックしても同じ操作が実行できます。

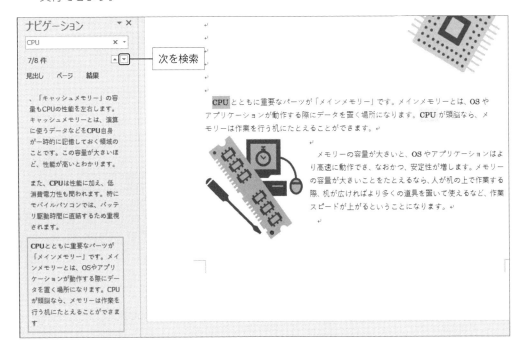

⑥［ナビゲーション ウィンドウ］を閉じると、「CPU」の強調表示が解除されます。

Excelの検索

Excelでは、[検索と置換]ダイアログボックスを利用した検索を利用できます。
　オプションを利用すると大文字小文字や半角全角の区別のほか、検索場所、検索方向、検索対象などの指定もできます。

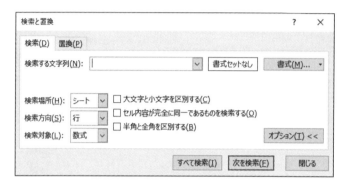

[検索と置換]ダイアログボックス

【実習】「訪日外客数.xlsx」を開き、文字列「シンガポール」をすべて検索します。

①「訪日外客数.xlsx」を開きます。
②[ホーム]タブの[編集]グループにある[検索と選択]から[検索]をクリックします。

③[検索と置換]ダイアログボックスが表示されたら、[検索する文字列]のボックスに『シンガポール』と入力します。

④[検索と置換]ダイアログボックスの[すべて検索]をクリックします。
⑤[検索と置換]ダイアログボックスが展開され、「シンガポール」の文字が入力されているセルがすべて検索されて表示されます。(このブックでは13件が検索されます)
※一覧で表示された各行にはリンクが設定されています。たとえば、6行目をクリックするとシート内のセルA134が選択されます。

置換機能の使い方

「置換」は、ドキュメント内にある文字列を別の文字列に置き換える機能です。Word、Excelともに、[検索と置換]ダイアログボックスから操作します。

Wordで置換をするには、検索する文字列(置換対象となる文字列)と置換後の文字列を指定します。対象の文字列をすべて置換しても良い場合は[すべて置換]をクリックすると、すべての文字列が置換されます。

対象の文字列のうち、特定の場所だけを置換する場合は、[次を検索]をクリックしながら対象の文字列を検索し、対象の箇所が選択されたときに[置換]をクリックします。

なお、検索する文字列は、検索と同様に「オプション」によって詳細な検索条件で対象を絞り込むことができます。また、オプションから書式を指定することで、検索する文字列や置換後の文字列に書式を加えることもできます。

【実習】「コンピューターの基礎2.docx」の文字列「CPO」を、一度の操作で「CPU」に置換します。

①「コンピューターの基礎2.docx」を開き、[ホーム] タブの [編集] グループにある [置換] をクリックします。

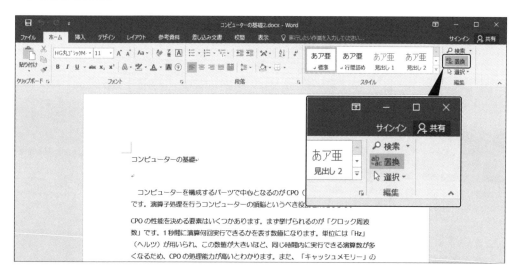

②[検索と置換] ダイアログボックスの [置換] タブが表示されたら、[検索する文字列] に『CPO』を入力します。

③続けて、[置換後の文字列] に『CPU』を入力し、[すべて置換] をクリックします。

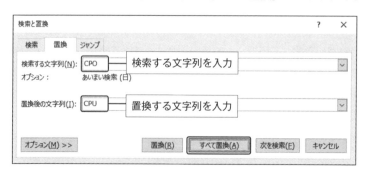

④「完了しました。8個の項目を置換しました。」のメッ
　セージが表示されたら、[OK]をクリックします。
　※[先頭から検索しますか]のメッセージが出たら
　　[はい]をクリックして、再度置換を実行してくだ
　　さい。

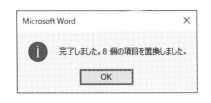

⑤[検索と置換]ダイアログボックスの[閉じる]をクリックします。

【実習】置換機能を使用して、「野生動物1.docx」の下線が設定された文字列に太字の設定を追加します。

①「野生動物1.docx」を開き、[ホーム]タブの[編集]グループにある[置換]をクリックします。

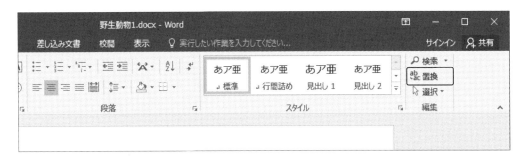

②[検索と置換]ダイアログボックスの[置換]タブが表示されたら、ダイアログボックスの下にある[オプション]をクリックします。
　※[オプション]をクリックすると、検索オプションが表示され、検索や置換の詳細設定ができるようになります。

オプションをクリックすると検索オプションが展開される

③[検索する文字列]の検索ボックスをクリック（カーソルを立てる）し、ダイアログボックス下部にある［書式▼］をクリックして、［フォント］を選択します。

④[検索する文字]ダイアログボックスが表示されたら、[すべての文字列]にある［下線］の［v］をクリックして、一覧から一重線を選択します。

※[一重線（空白以外下線）]は選択しないでください。

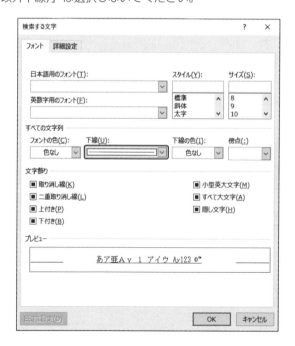

⑤[OK] をクリックして、ダイアログボックスを閉じると、[検索と置換] ダイアログボックスの [検索する文字列] の下に、「書式：下線」が表示されます。

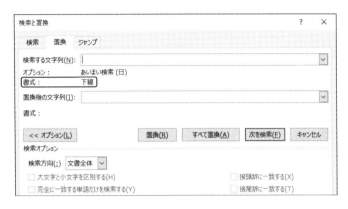

⑥次に、[置換後の文字列] の検索ボックスをクリック（カーソルを立てる）し、ダイアログボックス下部にある [書式▼] をクリックして、[フォント] を選択します。

⑦[置換後の文字] ダイアログボックスの [スタイル] で [太字] を選び、続けて [下線] の [v] をクリックして、一覧から一重線を選択します。

⑧［OK］をクリックして、ダイアログボックスを閉じます。
⑨［検索と置換］ダイアログボックスの［置換後の文字列］の下に、「書式：フォント：太字,下線」が表示されていることを確認して、［すべて置換］をクリックします。

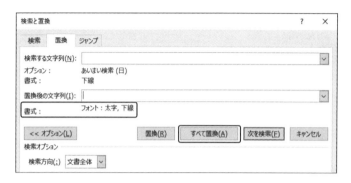

⑩「完了しました。4個の項目を置換しました。」のメッセージが表示されたら、［OK］をクリックしてメッセージを閉じ、［検索と置換］ダイアログボックスも閉じます。

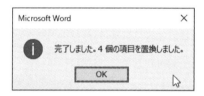

⑪文書内の下線が設定されていた4つの文字列に太字の書式も適用されたことを確認します。

1-2-3 入力支援

　Word、Excel、PowerPointなどのMicrosoft Officeアプリケーションには、入力支援の機能が備わっています。ここでは、代表的な入力支援機能である「オートコレクト」と「オートコンプリート」について学習します。

オートコレクト

「オートコレクト」は、文字列を入力した際のスペルミスを自動的に修正する機能のことです。英語だけでなく、日本語にも対応しています。

修正候補の追加・削除

　Microsoft Officeには、主だった修正候補がはじめから登録されていますが、修正候補の追加や削除をすることもできます。修正候補の追加や削除は、[ファイル] タブの左メニューにある [オプション] をクリックし、[Wordのオプション] を表示します。

　[Wordのオプション] の左メニューにある [文章校正] を選択し、[オートコレクトのオプション] ボタンをクリックし、[オートコレクト] ダイアログボックスを表示します。

　修正候補を追加するには、[オートコレクト] ダイアログボックスの [オートコレクト] タブを使用します。[修正文字列] にスペルミスが想定される文字列を入力し、[修正後の文字列] に正しい文字列を入力して、[追加] ボタンをクリックします。

　修正候補を削除する場合は、一覧から削除したい項目を選択し [削除] をクリックします。

オートコレクトの修正候補の追加

■ オートコレクト機能のオン・オフ

　オートコレクトの機能の有効／無効を変更するには、[オートコレクト]タブのチェック項目を利用します。「2文字目を小文字にする」や「文の先頭文字を大文字にする」などの機能を個別に設定できます。

　なお、スペルミスの修正すべてをオフにしたい場合は、「入力中に自動修正する」のチェックボックスをオフにします。

オートコレクト機能のオンとオフ

■ オートコンプリート

　「オートコンプリート」は、入力し始めた先頭の文字をもとに、推測される入力候補を一覧表示し、その中から選択できるようにする入力支援機能のことです。すべての文字を入力しなくても入力候補を利用できるため、入力作業を効率化できます。

　また、箇条書きの行頭文字や段落番号が自動的に追加されたり、行の始まりが自動的に字下げされたりするのも、オートフォーマットと呼ばれるオートコンプリートの機能になります。

　オートコンプリートの設定は、[オートコレクト]ダイアログボックスの[入力オートフォーマット]タブまたは[オートフォーマット]タブで行います。

オートコレクト

オートコレクト　数式オートコレクト　入力オートフォーマット　オートフォーマット　操作

入力中に自動で変更する項目
- ☑ 左右の区別がない引用符を、区別がある引用符に変更する
- ☐ 分数 (1/2, 1/4, 3/4) を分数文字 (組み文字) に変更する
- ☐ '*'、'_' で囲んだ文字列を '太字'、'斜体' に書式設定する
- ☑ インターネットとネットワークのアドレスをハイパーリンクに変更する
- ☐ 行の始まりのスペースを字下げに変更する
- ☑ 序数 (1st, 2nd, 3rd, ...) を上付き文字に変更する
- ☑ ハイフンをダッシュに変更する
- ☑ 長音とダッシュを正しく使い分ける

入力中に自動で書式設定する項目
- ☐ 箇条書き (行頭文字)
- ☑ 罫線
- ☐ 既定の見出しスタイル
- ☑ 結語のスタイル
- ☐ 箇条書き (段落番号)
- ☑ 表
- ☐ 日付スタイル

入力中に自動で行う処理
- ☑ リストの始まりの書式を前のリストと同じにする
- ☑ Tab/Space/BackSpace キーでインデントとタブの設定を変更する
- ☐ 設定した書式を新規スタイルとして登録する
- ☑ かっこを正しく組み合わせる
- ☐ 日本語と英数字の間の不要なスペースを削除する
- ☑ '記' などに対応する '以上' を挿入する
- ☑ 頭語に対応する結語を挿入する

OK　キャンセル

オートコンプリートの設定

1-2-4　校閲機能

変更履歴やコメントの閲覧や承認、挿入の機能を使い、複数のユーザーで文書を校閲する方法を学びます。本書では、Wordを使って解説をします。

コメントの追加

「コメント」は、選択した箇所に指示や質問回答などの簡単なメモを追加できる機能です。

コメントを追加するには、コメントを挿入する箇所を選択し、[校閲] タブの [コメント] グループにある [新しいコメント] をクリックします。

コメントを挿入すると、該当箇所がハイライトされ、引き出し線付きの吹き出しが画面右側に表示されます。[変更履歴] ウィンドウを使用すると、変更履歴やコメントを一覧表示することができます。

複数のコメントを順番に閲覧するには、[校閲] タブの [コメント] グループにある [次へ] をクリックします。

また、不要になったコメントは、コメントを選択した状態で、[コメント] グループの [削除] をクリックして削除します。

スペルチェックと修正

　WordとPowerPointには、「スペルチェックと文章校正」機能が用意されています。英単語のスペルミス、日本語の文法の誤りや表記ゆれをチェックして自動で修正できるため、より正しい文章を作成することができます。Excelにはスペルチェック機能のみが用意されており、英単語のスペルミスをチェックして自動で修正できます。

【実習】「コンピューターの基礎1.docx」のスペルミスを修正したあと、表記のゆれを「コンピューター」に統一します。

①「コンピューターの基礎1.docx」を開きます。
②［校閲］タブの［文書校正］グループにある［スペルチェックと文章校正］をクリックします。

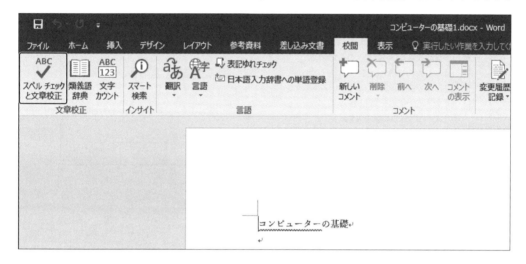

③ウィンドウの右側に「スペルチェック」の作業ウィンドウが表示されたら、修正候補の中から「Central」を選択して［変更］をクリックします。

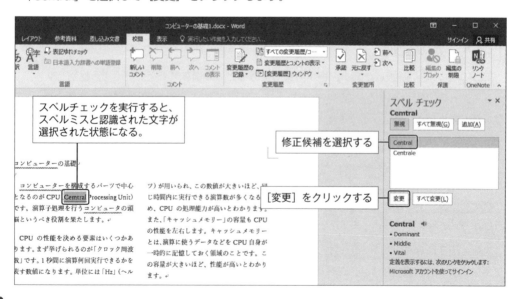

④次に［表記ゆれチェック］ダイアログボックスが表示されたら、［修正候補］の一覧で「コンピューター」を選択して［すべて修正］をクリックします。

⑤対象となる表記の一覧で修正を確認したら、［閉じる］をクリックします。

⑥「文書の校正が完了しました。」のメッセージが表示されたら、［OK］をクリックします。

校閲機能、ユーザー辞書の登録

「自動スペルチェック」と「自動文章校正」

　Wordの初期設定では、「自動スペルチェック」と「自動文章校正」の機能が利用できるようになっています。そのため、入力した文章が自動でチェックされ、英単語のスペルミスや日本語の入力ミスの箇所には「赤色の波線」、日本語の文法の誤りや表記ゆれの箇所には「緑色の波線」が表示されます。波線が表示された文字列を右クリックすると、ショートカットメニューの一番上に修正候補の文字列が表示され、選択すると修正できます。

　なお、波線を表示しないようにするには、［ファイル］タブの左メニューにある［オプション］をクリックし、［Wordのオプション］を表示します。［Wordのオプション］の左メニューから［文章校正］をクリックし、［この文書のみ結果を表す波線を表示しない］にチェックを入れます。

ユーザー辞書の登録

　自動スペルチェックの対象になる単語を「ユーザー辞書」に登録しておくことで、スペルチェックの対象にならないようにすることができます。

　ユーザー辞書への登録は、波線が表示された文字の上で右クリックし、［辞書に追加］を選択します。

ユーザー辞書に登録する際に［辞書に追加］が選択できない場合は、ユーザー辞書の設定を確認します。
ユーザー辞書の設定を確認するには、［ファイル］タブの左メニューにある［オプション］をクリックし、［Wordのオプション］を表示します。
［Wordのオプション］の左メニューで、［文章校正］を選択し、［ユーザー辞書］をクリックし、［ユーザー辞書］ダイアログボックスを表示します。
辞書の一覧に「CUSTOM.DIC」があることを確認し、チェックが入っていない場合はチェックを入れます。

［ユーザー辞書］ダイアログボックス

【実習】「コンピューターの基礎6.docx」で、文末の文字列「copo」を辞書に追加し、『copo』の文字列がスペルミスと認識されないように設定します。

① 「コンピューターの基礎6.docx」を開き、文末の文字列「copo」を選択したら右クリックして、[辞書に追加] をクリックします。

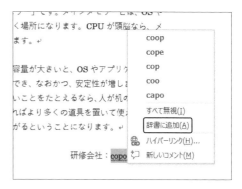

② 「copo」の文字列に表示されていたスペルミスを示す赤色の波線が消えたことを確認します。

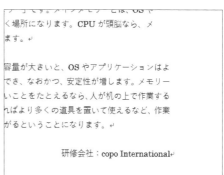

辞書に追加した文字列を確認するには、[Wordのオプション] の [文書校正] で、[ユーザー辞書] を開いて確認します。

1-3 画像の扱い

　Word、Excel、PowerPointで作成するファイルには、写真やイラストなどの画像ファイルを挿入できます。また、挿入した画像はサイズの変更や加工などが行えます。ここでは、画像の扱いについて学習します。

1-3-1 画像の挿入

画像、図を挿入するには、通常、[挿入] タブから行います。

画像の挿入（インポート）

　画像は、[挿入] タブの [図] グループにある [画像] から挿入します。ボタンをクリックすると、画像を選択する [図の挿入] ダイアログボックスが表示されるので、画像を選択して [挿入] をクリックします。

　なお、PowerPointのスライドに配置されたコンテンツプレースホルダーに画像を挿入する場合は、プレースホルダー内に表示されているアイコンを利用すると簡単に挿入できます。

【実習】「ペットを飼う.docx」の最後の段落に、「C01」フォルダーにある「puppy.png」を挿入します。

①「ペットを飼う.docx」を開き、文書の最後の段落にカーソルを置きます。（中央揃えの段落）

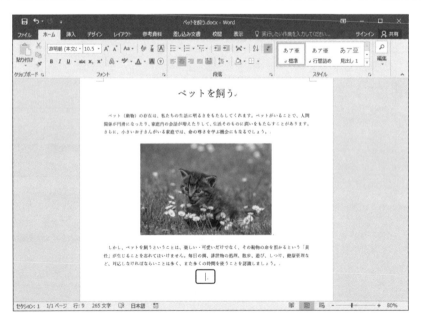

②[挿入] タブの [図] グループの [画像] をクリックします。

③[C01] フォルダーにある「puppy.png」を選択し、[挿入] をクリックします。

④文書内に画像が挿入されたことを確認します。

⑤この文書は、次の実習で使用します。『ペットを飼う2.docx』という名前で保存して閉じます。
　※名前を付けて保存の操作は、1-4-4を参照してください。

スクリーンショットの挿入

　Webブラウザーやエクスプローラーなどのウィンドウのスクリーンショットを文書やスライドに直接挿入することもできます。必要な情報が載ったWebサイトのスクリーンショットを報告資料やプレゼンテーションに使いたい場合などに便利な機能です。

　[挿入] タブの [図] グループにある [スクリーンショット] をクリックして、[使用できるウィンドウ] に表示されたサムネイルをクリックすると、スクリーンショットを挿入できます。

　なお、スクリーンショットを挿入するには、WebサイトをWebブラウザー（Internet Explorer）で表示しておく必要があります。Webサイトを開いていてもウィンドウを最小化しているとスクリーンショットとして挿入できません。

スクリーンショット

1-3-2　画像の編集

　挿入した画像には、スタイルを設定したり、効果を加えたり、さまざまな加工ができます。
　画像の加工は画像を選択した際に追加表示される [図ツール] の [書式] タブ（または [図の形式] タブ）で行います。

サイズ変更

　挿入した画像のサイズを変更するには、次の方法があります。

- 画像を選択時に画像の上下左右と四隅に表示される「○」記号のハンドルをドラッグする
- [図ツール] の [書式] タブの[サイズ]グループで、幅と高さを数値で指定する

- ［図ツール］の［書式］タブの［サイズ］グループのダイアログボックス起動ツールで表示される［レイアウト］ダイアログボックスの［サイズ］タブを利用する

［レイアウト］ダイアログボックス

【実習】「ペットを飼う2.docx」の子犬の画像サイズを変更します。画像のサイズは、縦横比を固定した「80%」にします。

①「ペットを飼う2.docx」を開き、前述の【実習】で挿入した子犬の画像を選択します。
　※画像が挿入されていない場合は、puppy.pngを挿入してください。

②［図］ツールの［サイズ］グループにあるダイアログボックス起動ツールをクリックします。

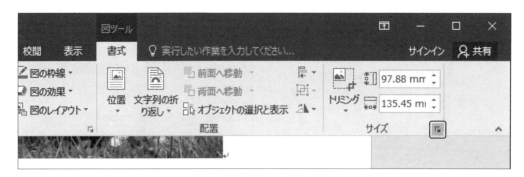

③［レイアウト］ダイアログボックスが表示されたら、［サイズ］タブで、倍率の［縦横比を固定する］のチェックが入っているか確認し、［高さ］の倍率に「80」を入力します。

※縦横比が固定になっている場合、高さまたは幅のいずれかの値を変更すれば、もう一方の倍率も自動的に変わります。

［縦横比を固定する］にチェックが入っていれば、一方（高さ）の倍率を変更すると、幅の倍率も同じ値に変わる

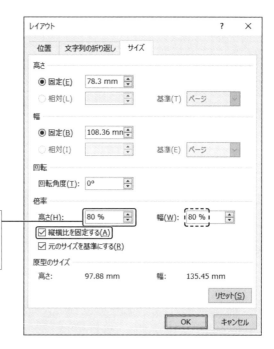

④［OK］をクリックして文書に戻り、子犬の画像のサイズが変わったことを確認します。

回転

挿入した画像を回転するには、次の方法があります。

- 画像の選択時に画像の上に表示される回転ハンドルにマウスを合わせて任意の方向にドラッグする
- ［図ツール］の［書式］タブの［配置］グループの［回転］から指定する
- サイズ変更と同じく［レイアウト］ダイアログボックスの［サイズ］タブで回転角度を指定する

トリミング

「トリミング」とは、画像の不要な部分を削除する機能です。トリミングハンドルを使って、必要な範囲を選びトリミングを実行すると、それ以外の不要な部分が削除されます。トリミングは［図ツール］の［書式］タブの［トリミング］から行います。［トリミング］をクリックして、削除する領域を指定したあと、再度［トリミング］をクリックして確定します。

【実習】「季節の花.pptx」のスライド2にある4つの花の写真を［涙形］の図形に合わせてトリミングします。

①「季節の花.pptx」を開き、スライド2を選択します。

②桜の写真を選択し、[Ctrl] キーまたは [Shift] キーを押しながら、ほかの3つの写真を選択します。

③[図ツール] の [サイズ] グループにある [トリミング] の▼をクリックします。

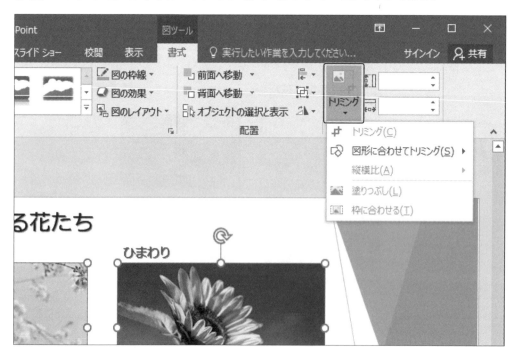

④[図形に合わせてトリミング]をクリックして、「基本図形」の2段目にある[涙形]を選択します。

※図形をポイントすると、図形の名称がポップアップで表示されます。

⑤4つの写真が図形に合わせてトリミングされたことを確認します。

1-4 ファイルの扱い

　文書、プレゼンテーション、集計表などの資料を作成・編集するには、いずれもファイルの扱いが重要です。ここでは、Microsoft Officeに共通するファイルの基本的な操作方法を学習します。

1-4-1 ファイルの作成

　Microsoft Officeで新たにファイルを作成するには、[ファイル]タブから[新規]を選択します。「新規」画面から作成できるファイルは、「白紙」状態のファイルとテンプレートを利用したファイルです。

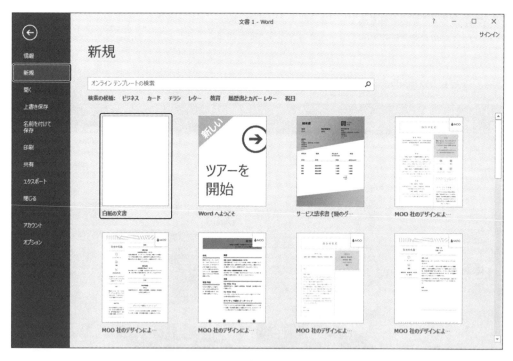

Wordの「新規」画面

　作成した時点では、まだファイルは保存されていません。ファイルの保存を忘れないように注意する必要があります。ファイルの保存は1-4-4で解説します。

1-4-2　テンプレートの使用

　目的に応じたレイアウトやスタイルがあらかじめ設定されていて、体裁が整っているファイルを「テンプレート」と呼びます。テンプレートを使用すればファイルを効率よく作成できます。また、複数のユーザーが書式を統一してファイルを作成する場合にも便利です。

テンプレートを使用する

　「新規」画面には、Microsoft社が提供している、さまざまなサンプルテンプレートが表示されています。

　目的のテンプレートが見つからない場合は、画面の上部の検索ボックスの下に表示されている「検索の候補」からテンプレートを絞り込んだり、検索ボックスに直接キーワードを入力したりして検索します。キーワードを入力して検索を実行すると、キーワードに一致したテンプレートが表示されます。検索対象となる新たなテンプレートはインターネット上に公開されており、PCがインターネットに接続していないと検索することができません。目的にあったテンプレートを選び、[作成]ボタンをクリックするとテンプレートがダウンロードされます。

テンプレートの検索

Word（ワープロソフト）のテンプレート

　チラシやポスターのデザイン、請求書、履歴書、レポート、賞状など印刷物に適したデザインが多数揃っています。

Excel（表計算ソフト）のテンプレート

会計、業務分析グラフ、業務報告書など、データ分析などの業務に活用できるテンプレートに加え、カレンダーやスケジュール表など個人で利用できるものも用意されています。

PowerPoint（プレゼンテーションソフト）のテンプレート

プレゼンテーション用にデザインされたテンプレートが用意されています。テンプレートは選択時にテーマの色が選べるものもます。

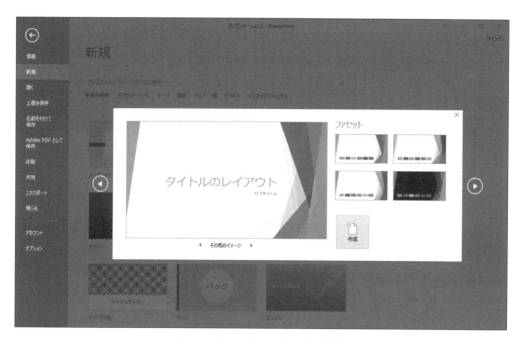

PowerPointテンプレートの選択

1-4-3　ファイルを開く、閉じる

保存されている既存のファイルを開くことで、内容を確認したり編集したりすることができます。ファイルを開く方法には、アプリケーションから開く方法やWindowsのファイル管理システムから開く方法などがあります。

アプリケーションから開く

起動しているアプリケーションのファイルを［開く］機能を使用して開きます。ファイルをそのアプリケーションで開く場合に利用します。

［ファイル］タブから［開く］を選択し、ファイルが保存されている場所を指定して対象のファイルを選択します。

ファイル管理システムから開く

　Windowsのファイル管理システムを「エクスプローラー」といいます。ファイルやフォルダーなど、すべての保存情報がツリー構造で管理されています。エクスプローラーから目的のファイルを開くことができます。

ファイルを閉じる

　ファイルを閉じるには、アプリケーションウィンドウの右上にある［閉じる］ボタンをクリックします。開いているファイルが複数ある場合、作業中のファイルのみを閉じます。開いているファイルが1つだけの場合、ファイルと同時にアプリケーションも終了します。

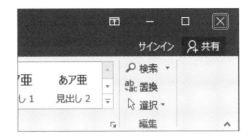

コンピューターでは、ファイルはフォルダーに入れて管理します。フォルダーは任意のフォルダー内に自由に作成できます。さらにフォルダー内に作成したフォルダーを「サブフォルダー」と呼びます。各フォルダーにサブフォルダーを追加することで、それぞれのフォルダーが重なり枝分かれした状態のことを「ツリー構造」や「階層構造」といいます。コンピューターのファイルシステムで一般に採用されている管理方法です。

1-4-4　ファイルの保存

　作成したファイルを保存するには、「上書き保存」と「名前を付けて保存」の2つの方法があります。

上書き保存

　既存のファイルを編集したあとなど、最新の状態に更新して保存する場合は「上書き保存」の操作を行います。
　「上書き保存」をするには、クイックアクセスツールバーの［上書き保存］ボタンをクリックするか、［ファイル］タブをクリックして、左側のメニューから［上書き保存］をクリックします。

クイックアクセスツールバーの
［上書き保存］ボタン

　名前を付けて保存していない新規に作成したファイルが開いている状態で［上書き保存］ボタンをクリックすると、「名前を付けて保存」になります。

名前を付けて保存

新規に作成したファイルを保存する場合や、既存のファイルに別の名前を付けて保存する場合は「名前を付けて保存」の操作を行います。

「名前を付けて保存」をするには、[ファイル]タブから[名前を付けて保存]を選択し、保存先を選択します。

保存先を選択すると[名前を付けて保存]ダイアログボックスが表示されます。ここで、保存先やファイル名、ファイルの種類などを設定し、[保存]ボタンをクリックします。

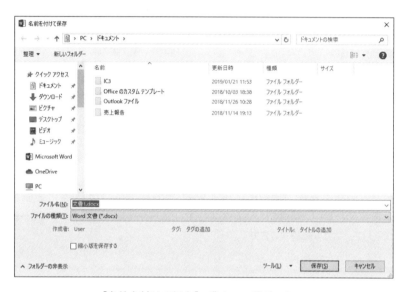

[名前を付けて保存]ダイアログボックス

1-4-5　保護ビュー・読み取り専用ビュー

Microsoft Officeには、インターネットからダウンロードしたファイルを安全に確認する「保護されたビュー」や、パスワードを用いて編集や閲覧を制限してセキュリティを高める「読み取り専用ビュー」といった機能が備わっています。

保護されたビュー

メールの添付ファイルやクラウドストレージなどインターネットを通じてダウンロードしたファイルを開くと、「保護ビュー」という読み取り専用の状態で開かれます。これは、インターネット経由でダウンロードしたファイルには危険なコンテンツが埋め込まれている可能性があるためです。「読み取り専用ビュー」は、ファイルの閲覧はできますが、内容の編集はできません。

保護ビューを解除するには、画面上部(タブの下)に表示されている黄色の警告バー(保護ビュー)の[編集を有効にする]をクリックします。

保護ビューの警告バー

　保護ビューは、［Wordのオプション］の［セキュリティセンター］から、どのようなファイルに対して保護ビューを適用するかどうかを設定できます。ただし、コンピューターへ悪影響を及ぼす可能性があるため、設定の変更は注意が必要です。

保護ビューの設定

パスワードロック

　ファイルにパスワードを設定すると、ファイルの編集を不可にした「読み取り専用ビュー」での閲覧やファイル内の一部のデータのみを編集可能にすることができます。

読み取りパスワード

　「読み取りパスワード」を設定すると、ファイルを開く際に、読み取りパスワードの認証画面が表示されます。正しいパスワードを入力しないとファイルを閲覧することができません。
　読み取りパスワードの設定は、［ファイル］タブの［情報］にある［文書の保護］をクリックし、［パスワードを使用して暗号化］を選択します。
　表示された［ドキュメントの暗号化］ダイアログボックスに、パスワードを入力し［OK］をクリックすると、確認用に再度同じパスワードの入力を求めるダイアログボックスが表示されます。同じパスワードを再入力することで、ファイルに読み取りパスワードが設定できます。なお、設定後は忘れずに上書き保存をするようにしましょう。

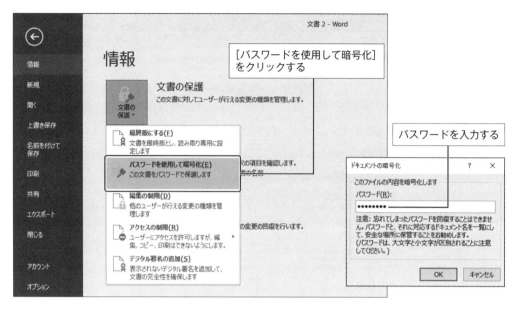

パスワードを使用して暗号化

また、［名前を付けて保存］ダイアログボックスの［保存］ボタンの左にある［ツール］から、［全般オプション］を選択しても同様に読み取りパスワードの設定ができます。

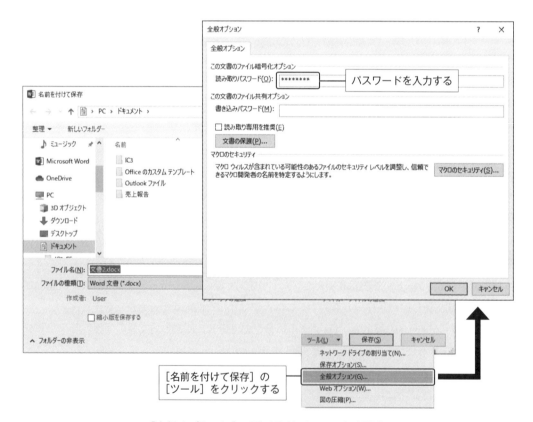

［全般オプション］で読み取りパスワードを設定

書き込みパスワード

　書き込みパスワードを設定すると、ファイルを開く際に、読み取りパスワードとは別に書き込みパスワードの認証画面が表示されます。読み取りパスワードが認証済み、または設定されていない状態で、書き込みパスワードが不明な場合は、「読み取り専用ビュー」でファイルの閲覧はできますが、編集することができません。

　なお、厳密にはファイルの文字の編集自体は行えますが、編集後の上書き保存が不可になり、結果的に編集を破棄することになります。ただし、別名で保存することはできます。

　書き込みパスワードの設定は、[名前を付けて保存] ダイアログボックスの [保存] ボタンの左にある [ツール] から [全般オプション] を選択して行います。

1-4-6　保護モード

　パスワードで保護する以外にもファイルに制限をかけて、ほかのユーザーによるファイルの閲覧や編集を防ぐことができます。重要なファイルには、アクセス許可を設定して保護するようにしましょう。

保護モードの意味

Word文書の保護

　Wordの保護機能の一つである「編集の制限」を利用すると、ほかのユーザーに対して書式の制限や編集して良い項目（コメントのみ、フォームへの入力など）の制限を設定できます。

【実習】「新人研修3.docx」を保護します。ただし、ほかの編集者が変更履歴を残せるようにします。

①「新人研修3.docx」を開き、[校閲] タブの [保護] グループにある [編集の制限] をクリックします。

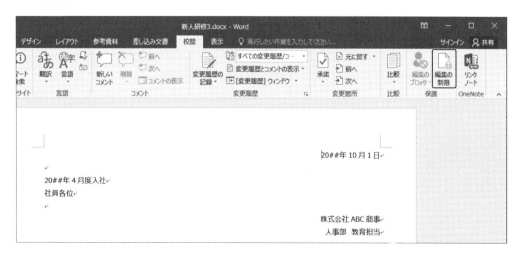

②[編集の制限]の作業ウィンドウが表示されたら、[2.編集の制限]の[ユーザーに許可する編集の種類を指定する]のチェックをオンにします。

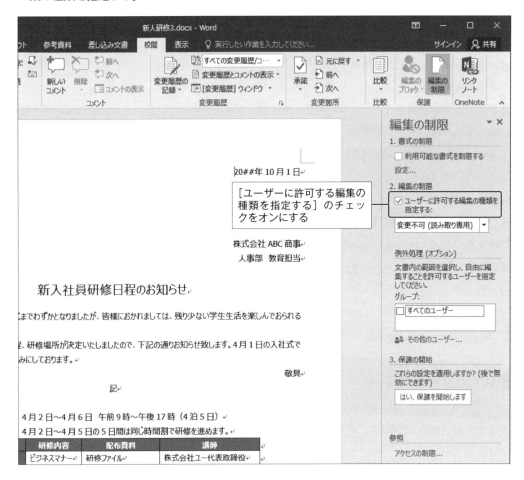

③[変更不可（読み取り専用）]が表示された▼をクリックして、[変更履歴]を選択します。

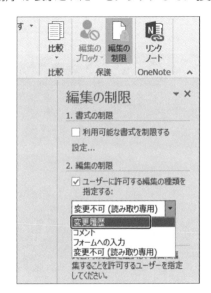

④[3.保護の開始]の[はい、保護を開始します]をクリックします。

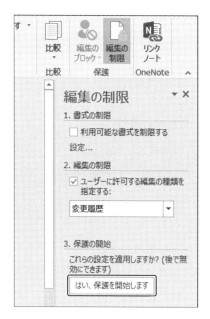

⑤[保護の開始]ダイアログボックスが表示されたら、パスワードを設定せずに[OK]をクリックします。

※学習環境(Officeアプリケーションのバージョンやエディションによって、[保護の開始]ダイアログボックスの見た目や内容が異なる場合があります。

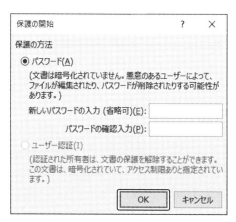

⑥この文書を上書き保存して閉じ、再度「新人研修3.docx」を開きます。

⑦保護モードで文書が開かれることを確認します。

　※文書を編集するには、[表示] メニューをクリックして [文書の編集] をクリックします。

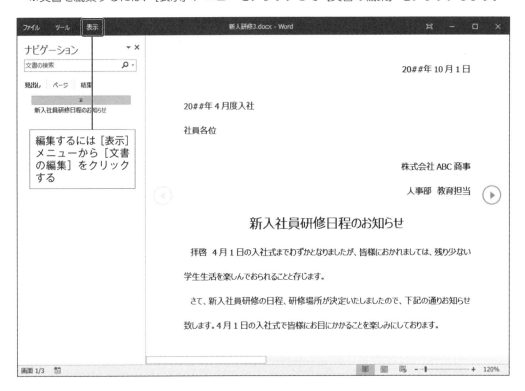

Excelブックの保護

　Excelの保護には、「ブックの保護」と「シートの保護」があります。

　「ブックの保護」は、作成中のExcelファイル（ブック）の全体を保護し、ファイルの閲覧や編集の許可、シートの追加や削除、名前の変更などを制限することができます。

　一方、「シートの保護」は、「セルのロック」と組み合わせることで、セル範囲ごとに編集の制限を設定できます。セルのロックとシートの保護がどちらも有効であるセルは編集が不可となり、いずれかの制限がオフの場合は、そのセルは編集できるようになります。

　なお、セルのロックは初期設定ではすべてのセルで有効になっているため、シートの保護を有効にするとすべてのセルへの編集が制限されます。

　シートの保護中でも特定のセルの編集を許可する場合は、シートを保護する前に、セルのロックを解除しておく必要があります。

　セルのロックの解除は、該当のセルを選択し、[ホーム] タブの [セル] グループにある [書式] をクリックして、[セルのロック] をクリックします。

【実習】「1Q店舗別売上.xlsx」のセル範囲E3:E8が、ほかのユーザーによって編集されないように「1Q」シートを保護します。ただし、セル範囲E3:E8以外のセルは選択できるようにします。

①「1Q店舗別売上.xlsx」を開きます。

②A列と1行目が交差する[すべて選択]をクリックしてセル全体を選択します。

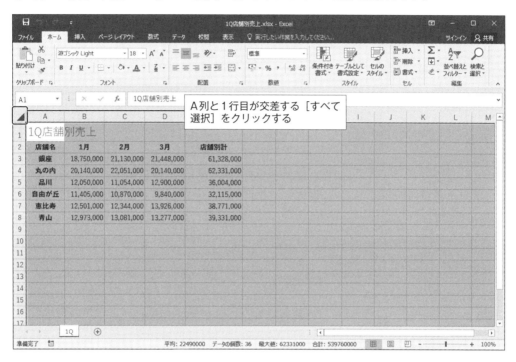

③[ホーム]タブの[セル]グループにある[書式]をクリックして、[セルのロック]をクリックします。

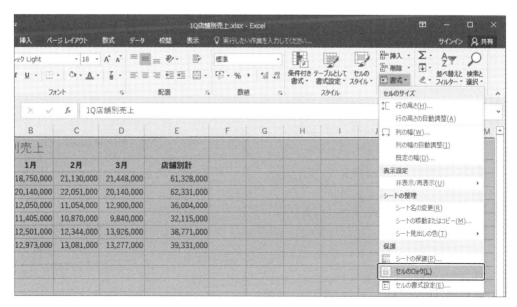

④次に、セル範囲E3:E8を範囲選択します。

	A	B	C	D	E	F	G
1	1Q店舗別売上						
2	店舗名	1月	2月	3月	店舗別計		
3	銀座	18,750,000	21,130,000	21,448,000	61,328,000		
4	丸の内	20,140,000	22,051,000	20,140,000	62,331,000		
5	品川	12,050,000	11,054,000	12,900,000	36,004,000		
6	自由が丘	11,405,000	10,870,000	9,840,000	32,115,000		
7	恵比寿	12,501,000	12,344,000	13,926,000	38,771,000		
8	青山	12,973,000	13,081,000	13,277,000	39,331,000		
9							
10							

⑤［ホーム］タブの［セル］グループにある［書式］をクリックして、［セルのロック］をクリックします。

⑥ [校閲] タブの [変更] グループにある [シートの保護] をクリックします。

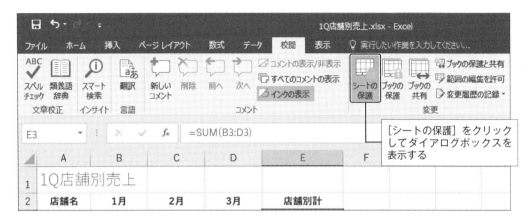

⑦ [シートの保護] ダイアログボックスを表示します。

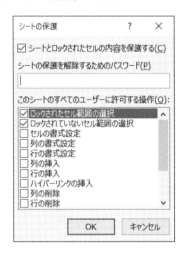

⑧ [このシートのすべてのユーザーに許可する操作] で、[ロックされたセル範囲の選択] のチェックをオフにして、[ロックされていないセル範囲の選択] にチェックが入った状態にします。

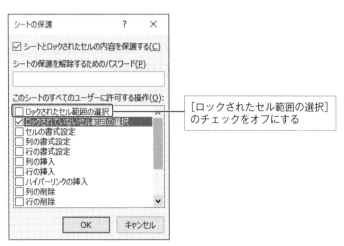

⑨［OK］をクリックして、ダイアログボックスを閉じます。
⑩セル範囲E3:E8以外のセルが選択できて、E3:E8が選択できないことを確認します。

最終版

　ファイルの作成が完了した際には、「最終版」として保存することで、リボン上にあるコマンドボタンが使用できなくなり、内容が変更されるのを防ぐことができます。最終版に設定されるとファイルの［状態］プロパティが「最終版」に設定されます。

　ファイルを最終版にするには、［ファイル］タブの［情報］から［文書の保護］をクリックし、［最終版にする］を選択します。

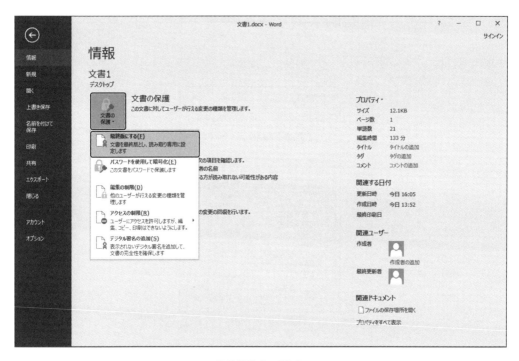

最終版として設定

1-4-7　ファイルの検査

　Word、Excel、PowerPointなど、Officeアプリケーションには、最終版にする前にファイルの内容を確認する「検査」という機能が用意されています。

　ファイルの検査には、「ドキュメント検査」、「アクセシビリティチェック」「互換性チェック」の3つの機能があり、［ファイル］タブの［情報］の［問題のチェック］からそれぞれの機能を選択します。

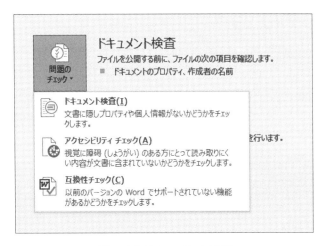

Wordのドキュメント検査

 Excelの情報画面には「ブックの検査」、PowerPointの情報画面には「プレゼンテーションの検査」と表示されています。

ドキュメント検査

「ドキュメント検査」は、ドキュメントに含まれる「プロパティ」と呼ばれる情報（作成者、最終更新者、タイトル、会社名など）、コメントや変更履歴など配布時には不要になる情報の有無を確認します。

ドキュメント検査を実行したあと、不要な情報がある場合は、まとめて削除することができます。

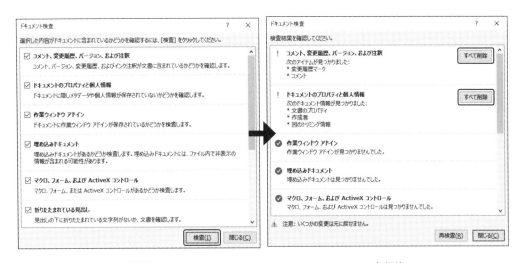

実行前　　　　　　　　　　　　　　　　実行後

アクセシビリティチェック

「アクセシビリティ」とは、身体が不自由なユーザーも文書の閲覧ができるようにする考え方であり、ここでは特に目が不自由なユーザーが利用する音声読み上げ機能への対応を確認します。

通常のテキスト情報は音声読み上げに対応しますが、画像や図形、表などのオブジェクトは対応ができません。そこで、それらのオブジェクトに「代替テキスト」と呼ばれる文字情報を追加することで、音声読み上げ時にオブジェクトの内容を音声で伝えられるようになります。

アクセシビリティチェックを実行すると、代替テキストが必要な個所への指摘と、その対応方法について確認することができます。

互換性チェック

「互換性」とは、バージョンが異なるソフトウェア間での再現性を表す言葉です。通常は旧バージョンにはない新機能を用いて作成した箇所は、それに近い既存の機能を用いた表現に自動的に置き換えられます。

「互換性チェック」では、旧バージョンのアプリケーションでその文書を開いたときに互換性に問題がある箇所と置き換えられる内容を確認することができます。

chapter 02

ワープロソフト

ワープロソフトは、文書の作成を目的としたアプリケーションです。1ページで構成されたチラシや報告書、ページ数の多いマニュアルや論文などを効率的に美しく作成するためのさまざまな機能が備わっています。ここでは、Microsoft社の「Word」（ワード）を使用して、ワープロソフトの操作について学習します。

2-1 ワープロソフトの基本

　ワープロソフトは、文章の作成、デザイン、保存、作成などを行うソフトウェアです。また、それらの機能を効率的に利用するために、用途に合わせた操作画面が用意されています。

2-1-1 ワープロソフトの構成

ワープロソフトとは

　ワープロソフトの代表的なオフィスソフトウェアである「Microsoft Office Word」では、文章の作成に必要な機能はもちろん、印刷や配布、文書管理に関する機能も備わっています。

画面構成

　Wordを起動するとスタート画面が表示されます。スタート画面で［白紙の文書］をクリックすると、次のような画面が表示されます。画面の構成や各部の名称を覚えましょう。

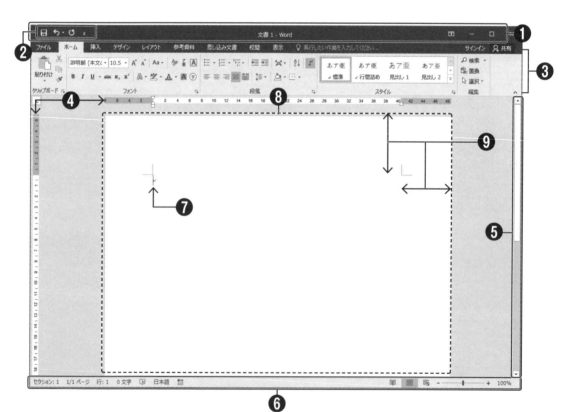

❶ **タイトルバー**
アプリケーション名、編集中のファイル名およびクイックアクセスツールバーが表示されます。

❷ **クイックアクセスツールバー**
［上書き保存］［元に戻す］［印刷］など、頻繁に利用するコマンドボタンを配置できるツールバーです。クイックアクセスツールバーに表示するコマンドボタンはカスタマイズができます。

❸ **リボン、タブ**
コマンドボタンが配置された領域です。アプリケーションウィンドウのサイズによって、各リボンに含まれるコマンドがグループ単位にまとめられて表示されることがあります。
［ホーム］、［挿入］、［デザイン］…と表示された部分をタブといいます。タブごとに関連性の高いコマンドボタンが配置されているリボンを表示します。

❹ **ルーラー**
画面の上部と左部に表示される目盛りで、文書の余白、タブ位置やインデント位置などを揃えたり、測ったりするときに使用します。

❺ **スクロールバー**
ウィンドウに表示されていない領域を表示する場合に使用します。

❻ **ステータスバー**
文書ウィンドウの下部にあり、ページ番号、画面の表示を変更するアイコン、ズームスライダーなど、作業中の文書の状態やアプリケーションの状態を表示する領域です。

❼ **カーソル、マウスポインター**
文字を入力する位置を示します。本文上でマウスポインターを動かすと、ポインターはアルファベットの「I」の形で表示されます。操作の対象や場所によってマウスポインターの形状が変わります。

❽ **編集ウィンドウ**
文字、文章などの編集中の文書を表示、閲覧、編集する領域です。

❾ **余白**
本文以外の欄外の領域です。

文書の表示モード

同じファイルを異なる表示モードで切り替えて表示できます。作業の内容にあわせて表示モードを選びましょう。表示モードの切り替えは、［表示］タブまたはステータスバーの右側にある［表示選択ショートカット］から行います。

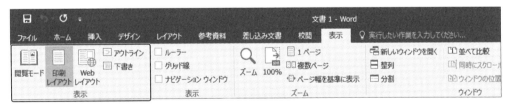

Wordの［表示］タブの［表示］グループ

Wordのステータスバーにある表示選択ショートカット

それぞれの表示モードの違いは次のとおりです。

ボタン	表示モード	説明
閲覧モード	閲覧モード	編集の必要がなく文書の内容を閲覧する場合に利用する。リボンが非表示になり、文書全体が大きく読みやすい状態で表示される。 電子書籍のように横スクロールでページを移動するため、タッチパネルでは画面上で指を横に滑らせるスワイプ操作でページを移動できる。
印刷レイアウト	印刷レイアウト	印刷時とほぼ同じイメージで表示される。ページ余白、ヘッダー、フッターなども確認できるため、全体のレイアウトを見ながら入力や編集ができる。Wordの初期設定では、文書を表示したときに印刷レイアウトモードで表示される。
Webレイアウト	Webレイアウト	文書をWebブラウザーで表示した場合のイメージが表示される。Webページのレイアウトを確認できる。
アウトライン	アウトライン	文書に設定された見出しスタイルごとに折りたたんで表示し、文書の構成を確認できる。文章の入れ替えや文書に見出しスタイルを設定する場合に適している。
下書き	下書き	ページのレイアウトが簡略化されて、文章のみが表示される。文字の入力や編集などの作業をすばやく行う場合に適している。

2-2 文字の書式

　文字の書式を変更することで、相手に伝わりやすいデザインで文書を作成することができます。ここでは、文字の書式の基本について学習します。

2-2-1　文字の書式

　文字列に設定する書式を「文字書式」といいます。文字の書式には、フォント、フォントのサイズ、フォントの色、文字飾りなどが含まれます。

フォント（種類、サイズ、色）

　「フォント」は、MS ゴシック、メイリオ、游ゴシック、Arial などの文字の書体のことです。フォントの種類、サイズ、スタイル、文字の色など、よく使う書式は［ホーム］タブの［フォント］グループの各ボタンで設定します。文字列の書式設定に使う［ホーム］タブのボタンで、各アプリケーションに共通するものは次のとおりです。

ボタン	ボックス／ボタン名	内容
游明朝 (本文(▼	フォント	文字列の書体を設定する。
10.5 ▼	フォントサイズ	文字列の大きさを設定する。
A˄	フォントサイズの拡大	選択した文字を大きくする。
A˅	フォントサイズの縮小	選択した文字列を小さくする。
B	太字	文字列を太字にする。
I	斜体	文字列を斜体にする。
U ▼	下線	文字列に下線を設定する。ボタンの右側の▼をクリックすると線の種類を選択できる。
A ▼	フォントの色	文字の色を設定する。ボタンの右側の▼をクリックすると、色を選択できる。
abc	取り消し線	文字列の上下中央に横線を引く。

　複数の書式をまとめて設定したり、リボンにない書式を設定したりする場合は、［フォント］ダイアログボックスを使用します。

［フォント］ダイアログボックスを開くには、［ホーム］タブの［フォント］グループのダイアログボックス起動ツールをクリックします。

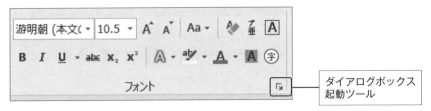

ダイアログボックス起動ツール

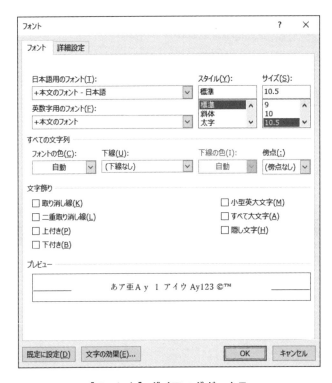

［フォント］ダイアログボックス

書式のコピー／貼り付け

Wordには、書式のみをコピーして貼り付ける機能があります。書式のみコピーして貼り付けるには、コピー元の文字列や段落、セルなどを選択して［ホーム］タブの［書式のコピー/貼り付け］をクリックし、書式をコピーします。マウスポインターがブラシの形に変わったら、コピー先を選択して貼り付けます。

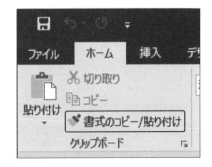

2-2-2 スタイルとテーマの利用

「スタイル」や「テーマ」はOfficeアプリケーションに共通した機能です。作成した文書にスタイルやテーマを適用すると、統一感のある文書を作成することができます。

スタイル

文字や段落、表などに設定した複数の書式の組み合わせを「スタイル」と呼びます。スタイルには、フォントやフォントサイズ、中央揃えなどの文字の配置、行間、文字の色などを登録することができます。また、表のスタイルなら、罫線や背景色、表内の文字フォントなどの書式が含まれます。スタイルを適用すれば、登録されている複数の書式をまとめて設定できるため、すばやく文書のデザインを整えることができます。

スタイルの適用

Wordには、[表題] や [見出し 1] などの複数のスタイルがあらかじめ組み込まれており、[ホーム] タブの [スタイルギャラリー] から選択するだけでスタイルを適用できます。

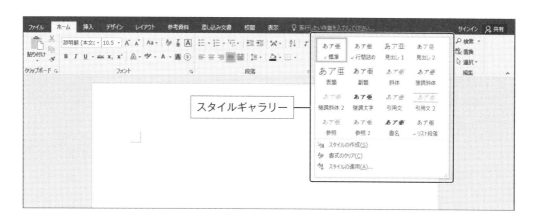

既存のスタイルの変更

既存のスタイル（組み込みスタイル）は、デザインを自由に変更することができます。変更する方法は次のとおりです。

- [スタイルギャラリー] で、変更したいスタイルを右クリック、メニューから [変更] を選択し、[スタイルの変更] ダイアログボックスでフォントや書式などの設定を変更する。
- フォントなどの設定を変更した文字や段落を範囲選択し、[スタイルギャラリー] の変更したいスタイルを右クリック、メニューから [選択個所と一致するように（スタイル名）を更新する] をクリックする。

【実習】「コンピューターの基礎5.docx」の［標準］スタイルのフォントを［游ゴシック Medium］
に変更します。

！このファイルは次の実習でも使用します。操作後、上書き保存または別の名前で保存してください。本書の解説では上書き保存します。

①「コンピューターの基礎5.docx」を開きます。

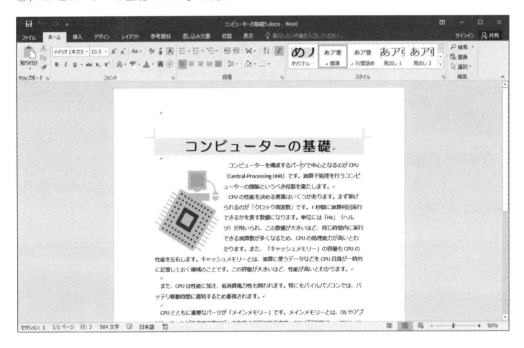

②［ホーム］タブの［スタイル］グループで、［標準］スタイルのサムネイルを右クリックし、メニューから［変更］をクリックします。

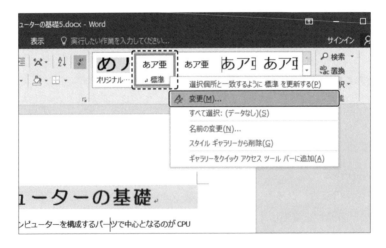

③［スタイルの変更］ダイアログボックスが表示されたら、書式の下にある［フォント］の［∨］をクリックします。

④フォントの一覧から［游ゴシック Medium］を選択し、［OK］をクリックします。
　※学習する環境に［游ゴシック Medium］がない場合は、任意のフォントを選択してください。

⑤本文の文字列のフォントが変わったことを確認します。
⑥アプリケーションウィンドウの左上にある［上書き保存］をクリックして、文書を閉じます。

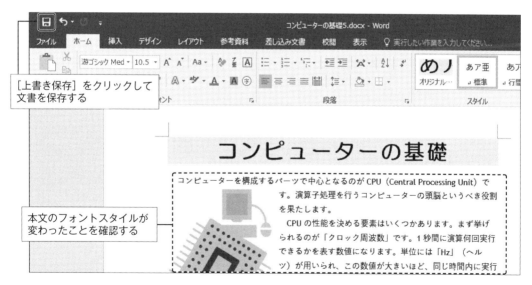

［上書き保存］をクリックして文書を保存する

本文のフォントスタイルが変わったことを確認する

スタイル名の変更

　既存のスタイルはスタイル名を変更することができます。変更するには、［スタイルギャラリー］の変更したいスタイルを右クリック、メニューから［変更］を選択し、［スタイルの変更］ダイアログボックスの［名前］ボックスに表示されている名前を書き換えます。

【実習】「コンピューターの基礎5.docx」の1行目の文字列「コンピューターの基礎」に適用されているスタイルを『研修用』という名前に変更します。

①「コンピューターの基礎5.docx」を開き、［ホーム］タブの［スタイル］グループで「オリジナルタイトル」のサムネイルを右クリックし、メニューから［変更］を選択します。

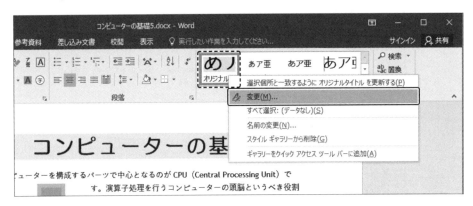

②［スタイルの変更］ダイアログボックスが表示されたら、［名前］のボックスに『研修用』と入力し、［OK］をクリックします。

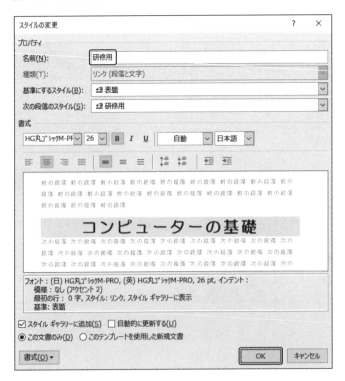

③スタイル名が『研修用』に変わっていることを確認します。

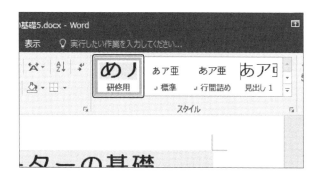

オリジナルスタイルの作成

　オリジナルのスタイルを作成して登録することもできます。登録後は、組み込みのスタイルと同様の操作で利用できます。

　スタイルを作成するには、フォントを変更した文字や段落を範囲選択し、[スタイルギャラリー]の右下にある[その他]（ ）をクリック、[スタイルの作成]を選択します。

　表示された[書式から新しいスタイルを作成]ダイアログボックスにスタイル名を入力し、[OK]をクリックします。新たに追加するスタイルの名前は組み込みスタイルと同じ名前にならないように注意しましょう。

テーマ

　「テーマ」とは、配色やフォントや効果などがセットになったものです。文書にテーマを適用すると、文書全体のデザイン、配色、フォントが変わります。なお、テーマはOfficeアプリケーション共通の機能であり、同じテーマをWord、Excel、PowerPointで共通して利用することで、統一感のある資料を作成できます。

　テーマの設定は、[デザイン]タブの[テーマ]から行います。既存のテーマのほかに、配色、フォント、効果などを個別に組み合わせたオリジナルのテーマを作成して保存することもできます。なお、白紙の文書を新規作成すると、文書には既定で「Office」テーマが適用されています。

【実習】「新人研修1.docx」のテーマを［木版活字］に変更し、テーマの色を［マーキー］に設定します。

①「新入社員研修1.docx」を開きます。

※「新入社員研修1.docx」には、「イオン」のテーマが適用されています。

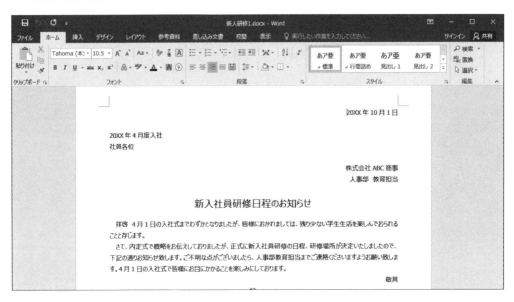

②［デザイン］タブの［ドキュメントの書式設定］グループにある［テーマ］をクリックします。
③サムネイルの一覧から［木版活字］をクリックします。

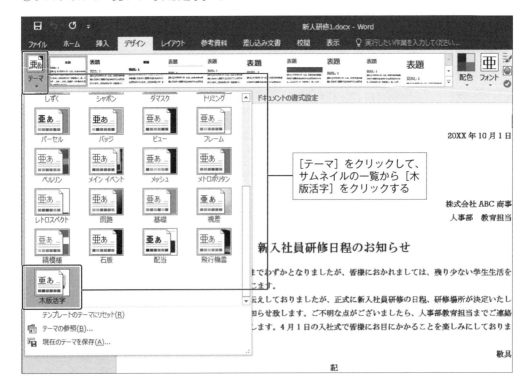

④続けて［ドキュメントの書式設定］グループにある［配色］をクリックします。
⑤カラーパレットの一覧から［マーキー］をクリックします。

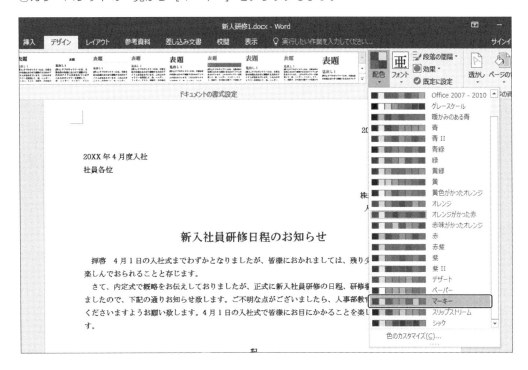

⑥文書全体のフォントやオブジェクトの色などが変わっていることを確認します。

2-2-3　表の使用

文書に表を挿入する方法と、表の書式設定や行や列の追加方法について学習します。

表の挿入、変換

表の挿入

文書内の情報を整理する方法のひとつに、表を挿入して情報やデータをまとめる方法があります。表の挿入は行数と列数を指定して作成する方法や文字列を表に変換する方法、また［罫線を引く］ツールを使って表を作成する方法があります。

【実習】白紙の文書に5行、4列の表を挿入します。

①Wordを起動して、スタート画面で［白紙の文書］をクリックします。

②［挿入］タブの［表］をクリックします。

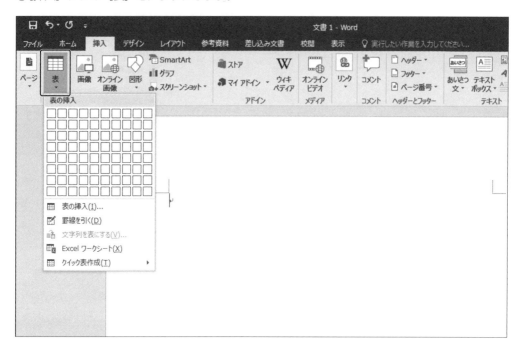

③表のマス目にマウスポインターを合わせて、上から5番目、左から4番目の［表（5行×4列）］と表示されるマス目をクリックします。

④文書に5行、4列の表が挿入されます。

文字列を表に変換する

入力した文字列をあとから表に変換することができます。文字列を表に変換するには、文字列の区切りにタブやカンマを使い、行は改行（段落記号）を使います。タブやカンマは列に、改行（段落記号）は行に変換されます。

【実習】「イベント報告書.docx」の見出し「内容（3日間共通）」の下にあるタブで区切られた4行を、文字列の幅に合わせた表に変換します。

！この操作では［編集記号の表示／非表示］をオンにして、編集記号を表示することを推奨します。（編集記号を表示するには、［ホーム］タブの［段落］グループにある［編集記号の表示／非表示］のボタンをクリックします。）

①「イベント報告.docx」を開きます。

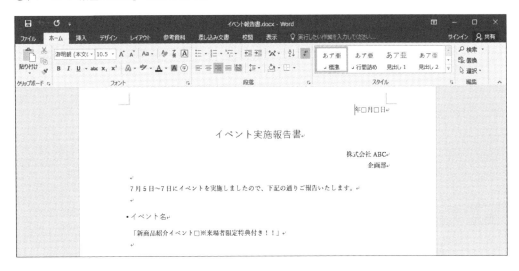

②見出し「内容（3日間共通）」の下の4行（「内容」～「（展示形式）」）までの文字列（行）を選択します。

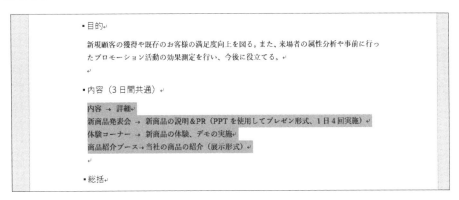

③［挿入］タブの［表］をクリックし、［文字列を表にする］をクリックします。

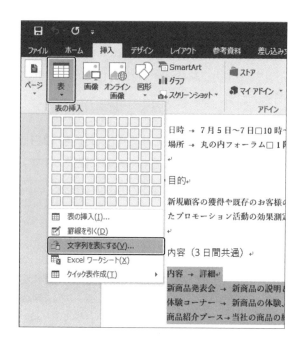

④［文字列を表にする］ダイアログボックスが表示されます。

⑤［表のサイズ］で、列数（2列）と行数（4行）が自動認識されていることを確認したら、［自動調整のオプション］の［文字列の幅に合わせる］を選択します。

⑥［文字列の区切り］で［タブ］が選択されていることを確認し、［OK］をクリックします。

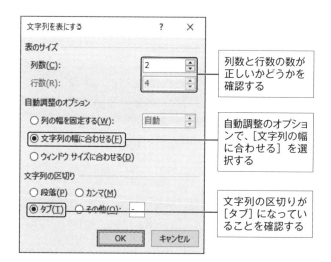

⑦見出しの下の文字列が表に変換されたことを確認します。

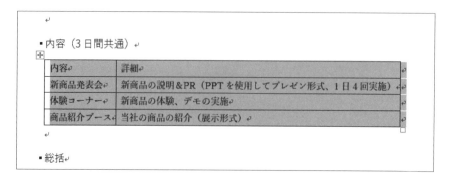

文字列を表に変換できるように、逆に表を通常の文字列に変換することもできます。表を文字列に変換するには、[表] ツールの [レイアウト] タブにある [表の解除] を使用します。

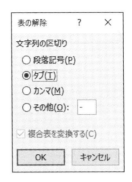

行や列の追加

文書に挿入した表は、あとから行や列を追加したり削除したりできます。操作は [表ツール] の [レイアウト] タブの [行と列] グループで行います。カーソルのあるセルを基準にして、上または下に行を追加したり、左または右に列を追加したりできます。追加した行や列は、その表の書式が自動的に適用されます。

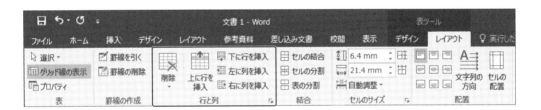

セルの分割と結合

文書に挿入した表のセルは、1つのセルを複数のセルに分割したり、隣り合わせの複数のセルを1つのセルとして結合したりできます。セルの分割と結合は [表ツール] の [レイアウト] タブの [結合] グループで行います。

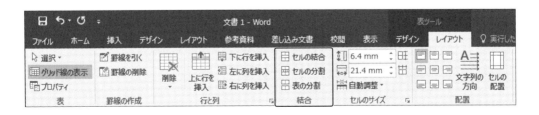

セルの結合

表のセルを結合するには、結合する隣り合せのセルをドラッグして選択し、[セルの結合] をクリックします。セルにデータが入っている状態で結合すると、結合されたセル内に各セルのデータが1行ずつ表示されます。

セルの分割

1つのセルを複数に分割するには、分割するセルを選択し、[セルの分割] をクリックします。表示された [セルの分割] ダイアログボックスで分割後の列数と行数を指定して [OK] をクリックします。

[セルの分割] ダイアログボックス

表、セルの書式設定

文書に挿入した表には、サイズや表示位置、行の高さや列の幅、セルの背景の色や罫線の色などの書式を設定できます。書式の設定は、表を選択すると表示される [表ツール] の [デザイン] タブや [レイアウト] タブで行います。

[デザイン] タブの [表のスタイル] を使うと、背景色、罫線、文字色など表全体のデザインをすばやく簡単に設定できます。

セルの書式設定

セル内の文字列は、[ホーム] タブの [フォント] グループ内の各機能を用いて、フォントの種類やサイズ、色などを変更することができます。特定のセルの背景色を変更するには、[表ツール] の [デザイン] タブにある [塗りつぶし] を利用します。

また、セル内の文字の配置を変更するには、[ホーム] タブの [段落] グループにある行揃え（左揃え、中央揃え、右揃え、両端揃え）を利用するか、[表ツール] の [レイアウト] タブの [配置] グループにある9つの配置ボタンで文字の配置を設定できます。

なお、[文字列の方向] をクリックすると、セル内の文字列を縦書きにすることが可能です。

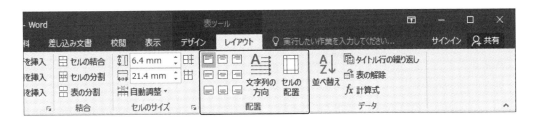

両端揃え（上）	上揃え（中央）	上揃え（右）
両端揃え（中央）	中央揃え	中央揃え（右）
両端揃え（下）	下揃え（中央）	下揃え（右）

　また、表のセル内の余白も設定できます。
　［セルの配置］をクリックし［表のオプション］ダイアログボックスを表示します。上下左右の余白を変更すると、表内のすべてのセルの余白が変更されます。
　セルごとに余白を設定するには、［表ツール］の［レイアウト］タブの［表］グループにある［プロパティ］をクリックして、［表のプロパティ］ダイアログボックスを開きます。［セル］タブの［オプション］をクリックし、［セルのオプション］ダイアログボックスを開いたら、［表全体を同じ設定にする］のチェックを外したあと、上下左右の余白をmm単位で設定します。

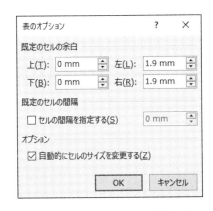

［表のオプション］ダイアログボックス

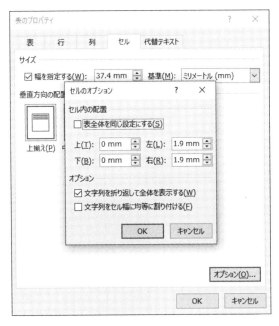

［セルのオプション］ダイアログボックス

サイズの変更

　表の作成後も、表のサイズ調整や列幅、行の高さは、[表ツール] の [レイアウト] タブで変更できます。

　列幅と行の高さは、セル、行、列のいずれかを選択して [レイアウト] タブの [セルのサイズ] グループで数値の指定ができるほか、複数の行または列を選択して、幅や高さを均等に揃えることも可能です。

　また、表の作成時に指定した「文字列の幅に合わせる」などの自動調整も、[レイアウト] タブの [セルのサイズ] グループにある [自動調整] から変更することができます。

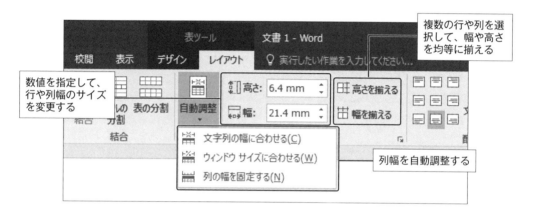

【実習】「研修案内2.docx」で、表の4列目の幅を文字列の幅に合わせて調整し、2ページの文書が1ページに収まるようにします。

①「研修案内2.docx」を開き、箇条書き「研修内容」にある表の「講師」列のいずれかのセル内にカーソルを置きます。

　※列を選択して操作することも可能です。

②[表] ツールの [レイアウト] タブで、[セルのサイズ] グループの [自動調整] をクリックし、[文字列の幅に合わせる] をクリックします。

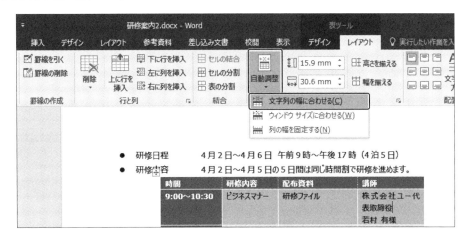

③表の列幅が調整され、文書が1ページに収まったことを確認します。

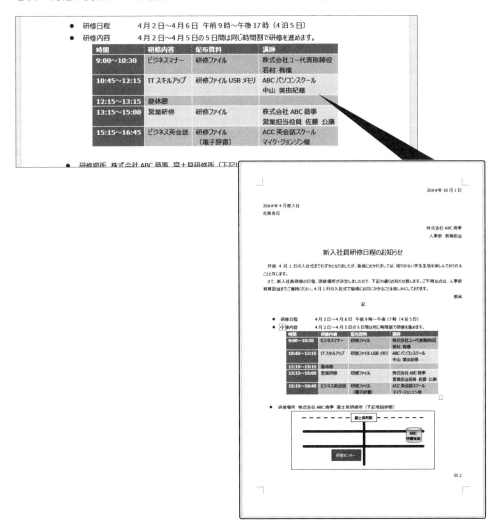

2-3 段落や行の設定

　Wordでは、段落や行を細かく設定することで、より読みやすい文書を作成することができます。ここでは、段落や行の設定について学習します。

2-3-1 段落の文字列の配置

　Wordの文書は、段落単位で文字列の配置を変更することができます。段落全体に対して設定する書式を「段落書式」といいます。

▍左揃え、中央揃え、右揃え、両端揃え

　文字列の配置には、左揃え、中央揃え、右揃え、両端揃えがあります。それぞれ段落や行内の文字の配置を設定します。

ボタン	ボタン名	内容
≡	左揃え	文字列を左端に揃えて配置する。
≡	中央揃え	文字列を中央に揃えて配置する。
≡	右揃え	文字列を右端に揃えて配置する。
≡	両端揃え	左右の端に揃えて文字列を行内で均等に配置する。

　Wordでは、白紙の文書を新規作成したとき、段落書式の初期設定は［両端揃え］に設定されています。

2-3-2 行間

　文書全体の行や段落の間隔は、文字サイズ、行数、余白などによって自動で設定されますが、部分的に変更することも可能です。また、表や図形の中の文字列にも、行や段落の間隔を設定できます。

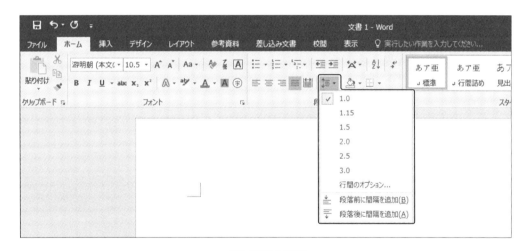

行間の設定

　本文内の行の幅にあたる「行間」は、[ホーム]タブの[段落]グループの[行と段落の間隔]から設定できます。

　[行と段落の間隔]をクリックすると表示される「1.0」「1.5」などの数値は、標準の行間（通常は10.5ptのフォントサイズの文字に上下に少し余白を取ったもの）を基準とした倍率になっています。仮に1.5を選択すると、行間は標準の行間の1.5倍になります。

行と段落の間隔

　また、[段落]グループのダイアログボックス起動ツールから[段落]ダイアログボックスを表示し、行間の設定を変更することで、最小値や固定値などをpt（ポイント）単位で設定することもできます。

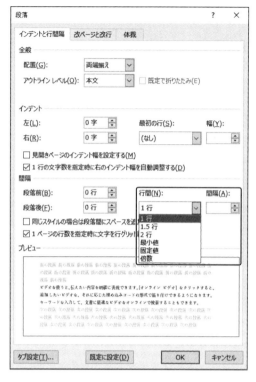

［段落］ダイアログボックス

段落前後の間隔

　部分的な段落の間隔も、同じく［ホーム］タブの［段落］グループの［行と段落の間隔］から設定できます。

　［行と段落の間隔］で表示される［段落前に間隔を追加］や［段落後に間隔を追加］を選択すると、段落の前後にそれぞれ 12pt ずつの間隔が追加されます。

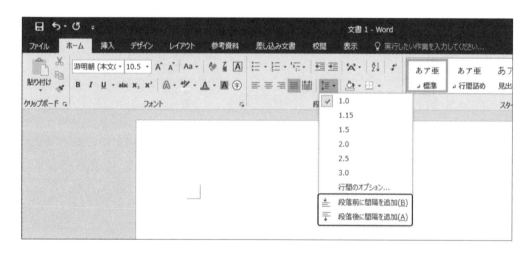

また、[段落]ダイアログボックスからも段落前後の設定を「行」または「pt」(ポイント)単位で変更することができます。

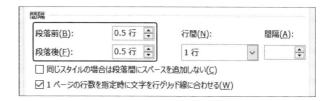

2-3-3　インデントとタブ

　左右の余白から文字列までの幅(字下げ)を段落単位で設定する機能を「インデント」といいます。インデントには、段落の行頭の文字だけを字下げする「1行目のインデント」、段落全体を右側に配置する「左インデント」、段落の2行目以降の文字を字下げする「ぶら下げインデント」、段落全体の行末を左側に配置する「右インデント」があります。

　インデントの設定には、「ルーラー」を利用する方法と、[段落]ダイアログボックスを利用する方法があります。

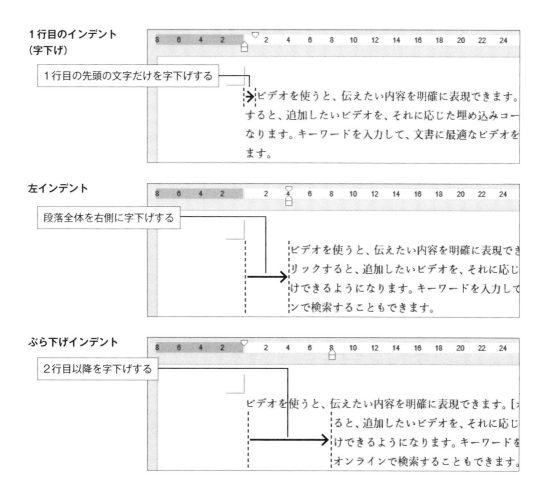

ルーラーを利用したインデントの設定

「ルーラー」は、画面の上部と左部に表示される目盛りのことです。上部のルーラーのことを「水平ルーラー」、左部のルーラーのことを「垂直ルーラー」と呼びます。横書きの文書のインデントの設定では、水平ルーラーを利用します。

Wordの初期設定では非表示になっているため、［表示］タブの［表示］グループにある［ルーラー］チェックボックスにチェックを入れます。

ルーラーには、4種類の「インデントマーカー」があります。

インデントマーカーの各部位にマウスポインターを合わせてドラッグすることで、4種類のインデントを設定できます。ただし、ちょうど1字分などの調整はできません。

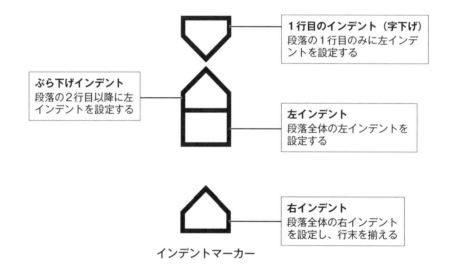

［段落］ダイアログボックスを利用したインデントの設定

1文字分など切りの良い値でインデントの設定する場合は、［段落］ダイアログボックスを利用します。

［ホーム］タブの［段落］グループのダイアログボックス起動ツールをクリックするか、ルーラー上の4つのマーカーのいずれかをダブルクリックすると、［段落］ダイアログボックスが表示されます。

［段落］ダイアログログボックスでも、各インデントを設定できます。

【実習】「コンピューターの基礎4.docx」の本文の各段落に2文字分の字下げインデントを設定します。

①「コンピューターの基礎4.docx」を開き、本文の5つの段落を選択します。

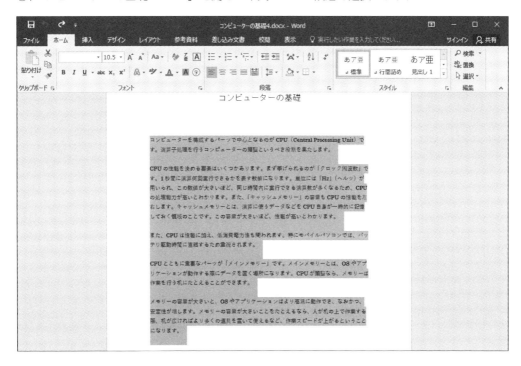

②[ホーム］タブの［段落］グループにあるダイアログボックス起動ツールをクリックします。

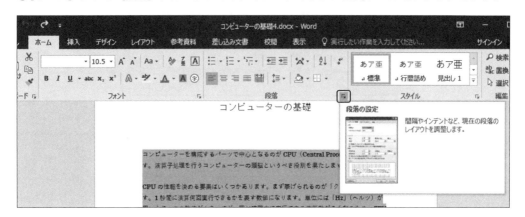

③［段落］ダイアログボックスが表示されたら、［インデントと行間隔］タブの［インデント］の
　［最初の行］の［v］をクリックして［字下げ］を選択します。

④[幅]のトグルボタンをクリックして「2字」に設定し、[OK]をクリックしてダイアログボックスを閉じます。

※[幅]のボックスに、直接『2』と入力することもできます。

⑤各段落に、字下げインデントが設定されたことを確認します。

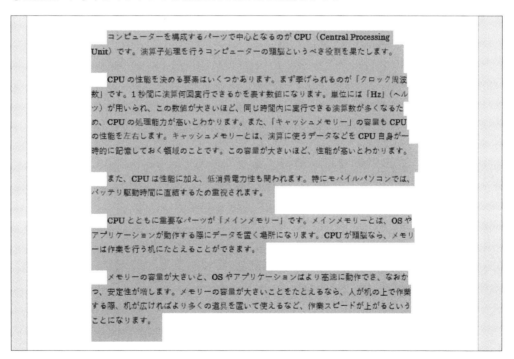

【実習】「研修案内1.docx」の「研修内容：」の段落に、5文字分のぶら下げインデントを設定します。

①「研修案内1.docx」を開き、「研修内容：」の段落のいずれかにカーソルを置きます。
　※段落ごと選択しても同じ操作を行えます。

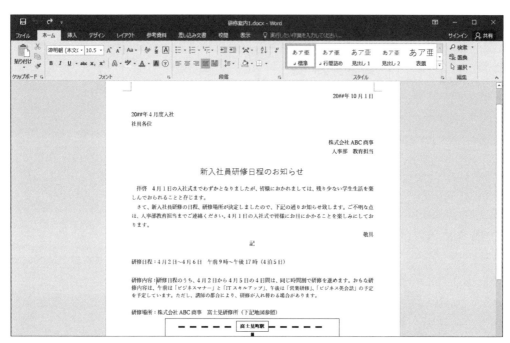

②［ホーム］タブの［段落］グループにあるダイアログボックス起動ツールをクリックします。

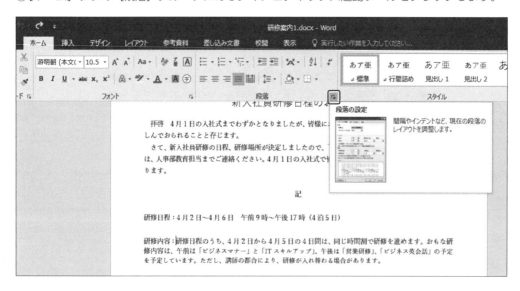

③[段落] ダイアログボックスが表示されたら、[インデントと行間隔] タブの [インデント] の [最初の行] の [v] をクリックして [ぶら下げ] を選択します。

④続けて [幅] のトグルボタンをクリックして「5字」に設定し、[OK] をクリックしてダイアログボックスを閉じます。

※[幅] のボックスに、直接『5』と入力することもできます。

⑤「研修内容:」の段落の2行目以降に5文字分のインデントが設定されていることを確認します。

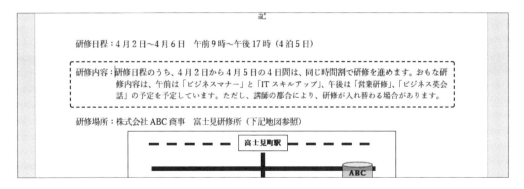

タブ

「タブ」とは、キーボードの［Tab］キーを押すと入力される特殊な空白のことです。「タブ機能」を使うと、文字を特定の位置に揃えて配置することができます。

タブの既定の設定では、4文字分の間隔で空白が挿入されます。タブを挿入すると、右向き矢印のタブ記号が挿入されますが、編集記号を表示していないと空白（スペース）が入っているようにしか見えません。タブを使った操作をする場合は編集記号を表示して作業をすると良いでしょう。編集記号を表示するには、［ホーム］タブの［段落］グループにある［編集記号の表示／非表示］をクリックします。

タブを設定すると、ルーラー上に「タブマーカー」が表示されます。タブを設定する場合は、ルーラーを表示すると便利です。ただし、既定のタブ（4文字）を挿入した場合は、ルーラーにタブマーカーは表示されません。

ルーラー上で「タブマーカー」を設定すると、タブ位置を柔軟に設定できます。タブマーカーには複数の種類があり、水平ルーラーの左端のマーカーをクリックすると種類が切り替わります。挿入するタブの種類を選んだら、水平ルーラー上をクリックしてタブマーカーを配置します。

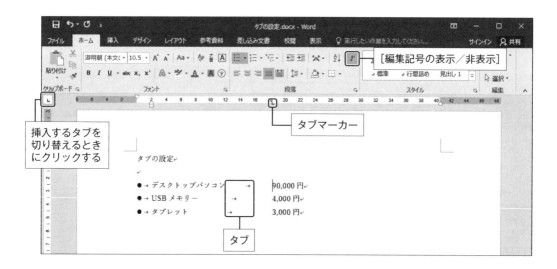

タブには次のような種類があります。

タブマーカー	タブの種類	説明
∟	左揃えタブ	タブを設定した箇所に、文字列や数値の左端を揃えて配置する。
⊥	中央揃えタブ	タブを設定した箇所に、文字列や数値の中央を揃えて配置する。
⌐	右揃えタブ	タブを設定した箇所に、文字列や数値の右端を揃えて配置する。
⊥.	小数点揃えタブ	タブを設定した箇所に、数値の小数点を揃えて配置する。
｜	縦棒タブ	タブを設定した箇所に縦棒を挿入する。

［タブとリーダー］ダイアログボックスでタブを設定

　タブは［タブとリーダー］ダイアログボックスでも設定できます。ダイアログボックスを開くには、［ホーム］タブの［段落］グループのダイアログボックス起動ツールをクリックし、［段落］ダイアログボックスを開いたあと、左下にある［タブ設定］をクリックします。
［タブ位置］のボックスに数値（字）を指定し、［配置］でタブの種類を選びます。［リーダー］で、中黒点や破線などを選択すると、タブが挿入された位置にリーダーを表示することができます。

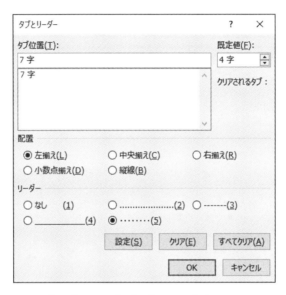

［タブとリーダー］ダイアログボックス

2-4 ページ設定

Word文書の内容をわかりやすく、より見やすくするために、ページのレイアウトを整えます。ここでは、ここでは文書のレイアウトや書式設定について学習します。

2-4-1 ページレイアウトの基本設定

Wordのページレイアウトにはさまざまな要素がありますが、ここではその代表として、ページサイズ、余白、用紙の向き、文字揃え、段組み、改ページの設定方法を学びます。

ページサイズ

Wordで新規文書を作成すると、既定のページサイズはA4ですが、印刷時のページサイズを細かく設定することができます。A3、B4、B5、はがきといった一般的な用紙サイズだけでなく、自分で自由に用紙サイズを指定することも可能です。

ページのサイズは［レイアウト］タブの［サイズ］から変更します。

ページサイズの変更

余白

「余白」とは、本文の欄外の領域のことです。余白の広さは［レイアウト］タブの［余白］で設定します。［標準］や［狭い］など、組み込みの余白が用意されており、それらの中から選ぶだけで文書の上下左右の余白を設定できます。

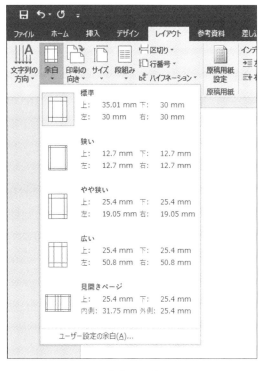

余白の設定

ユーザー設定の余白

Wordに組み込まれている余白ではなく、任意の余白サイズを指定することもできます。余白のサイズを指定するには、［余白］をクリックして［ユーザー設定の余白］をクリックします。［ページ設定］ダイアログボックスの［余白］タブから設定します。

ユーザー設定の余白

【実習】「ITスキルアップ.docx」の上余白を「20 mm」、左右の余白を「25 mm」に変更します。

①「ITスキルアップ.docx」を開きます。

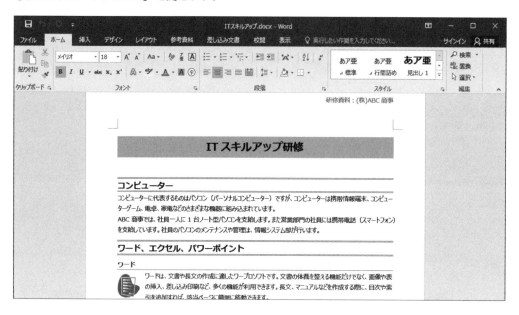

②［レイアウト］タブの［余白］をクリックし、［ユーザー設定の余白］を選択します。

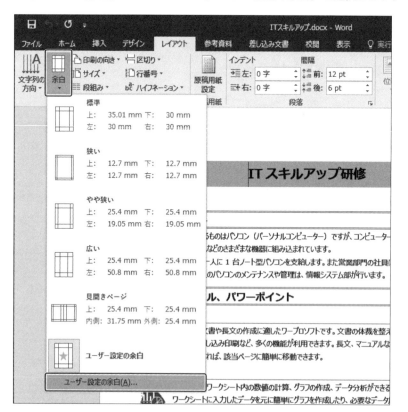

③[ページ設定]ダイアログボックスの[余白]タブで、上余白を「20mm」、左右の余白を「25mm」に変更します。

　※数字の変更は、トグルボタンをクリックして変更するか、『20』『25』の値を直接ボックスに入力します。

　※余白の幅を示す単位が「mm」(ミリメートル)ではない場合、Wordで使用する単位が別の単位になっている可能性があります。

④[OK]をクリックしてダイアログボックスを閉じます。

文書の余白、文書内に作成した表のセルの幅や高さの単位は、[Wordのオプション]で変更することができます。[ファイル]タブ>[オプション]をクリックすると[Wordのオプション]が表示されます。
[Wordのオプション]の[詳細設定]にある[表示]グループで、[使用する単位]を変更します。

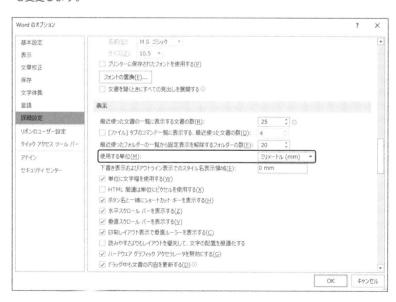

印刷の向き

文書を印刷する際の用紙の向きは［縦］または［横］のいずれかを設定します。［レイアウト］タブの［印刷の向き］で設定します。

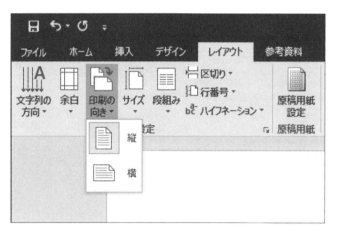

印刷の向き

用紙の向きは［ファイル］タブの［印刷］でも設定できます。［縦方向］のボタンをクリックすると、ドロップダウンから方向を選べます。［印刷］画面では、このほかにも部数をはじめ、印刷関連のさまざまな設定が行えます。

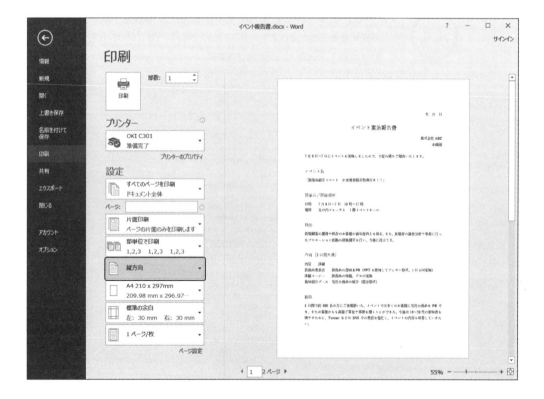

段組み

「段組み」は、文章を複数の段に分けて配置する書式で、新聞や雑誌のようなレイアウトを作成できます。長い文章を段組みにして1行あたりの文字数を減らすことで、より読みやすくなります。

段組みは［レイアウト］タブの［段組み］から設定します。ページを2つに区切る［2段］、3つに区切る［3段］を選択すると、区切られた段は等しい幅になります。［1段目を狭く］［2段目を狭く］は、それぞれの段の幅が異なる幅で段組みが設定されます。「c02」フォルダーに保存されている「ITスキルアップ_サンプル.docx」は文書内の一部を3段組みに設定した文書のサンプルです。

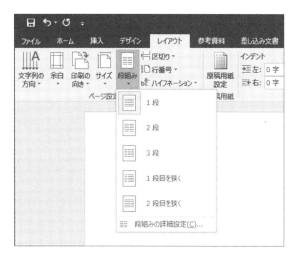

段組み

段組みの詳細設定

段組みの体裁をさらに細かく設定する場合は、［段組み］ダイアログボックスを使用します。ダイアログボックスを使用すれば、各段に表示する文字数（段の幅）、段と段の間隔、境界線の有無などを設定できます。［段組み］ダイアログボックスは、［段組み］をクリックし、［段組みの詳細設定］をクリックして表示します。

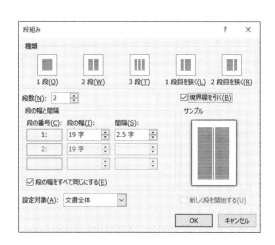

［段組み］ダイアログボックス

改ページ

　文書を作成しているときに、区切りのいい位置から次のページにしたいということがあります。そのような場合は「改ページ」の機能を使用します。「改ページ」は「ページ区切り」ともいいます。改ページを行うには、次のページにする箇所の直前にカーソルを置き、次のいずれかの方法で行います。

- キーボードの [Ctrl] キー + [Enter] キーを押す
- [挿入] タブの [ページ] グループにある [ページ区切り] をクリックする
- [レイアウト] タブの [ページ設定] グループにある [区切り] をクリックして [改ページ] をクリックする

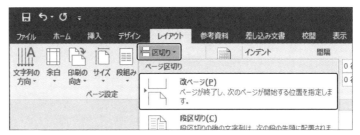

　　[挿入] タブの [ページ区切り]　　　　[レイアウト] タブ＞ [区切り] ＞ [改ページ]

2-4-2　ヘッダー・フッター・ページ番号

　「ヘッダー」と「フッター」は、ページの上余白と下余白に挿入できる情報です。1箇所に挿入すれば、文書内の共通の情報としてすべてのページに同じ内容を表示することができます。

　ヘッダーやフッターを編集可能な状態にするには、上下の余白領域をダブルクリックします。本文の編集に戻る場合は、本文の領域をダブルクリックするか、[ヘッダー/フッターツール] の [デザイン] タブの [ヘッダーとフッターを閉じる] をクリックします。

ヘッダー・フッター

　ヘッダーは、文書の上余白に表示されます。会社名や作成日時、作成者などの文書に関する情報を表示するのに適しています。ヘッダーに文書情報を追加しておくことで、作成した文書を管理しやすくなります。

　フッターは、文書の下余白に表示されます。ヘッダーと同じようにさまざまな情報を挿入できますが、一般的には「ページ番号」を挿入することが多いです。

　ヘッダーやフッターには文字情報だけでなく画像も挿入できます。なお、Wordにはヘッダー、フッターの組み込みスタイルが用意されています。

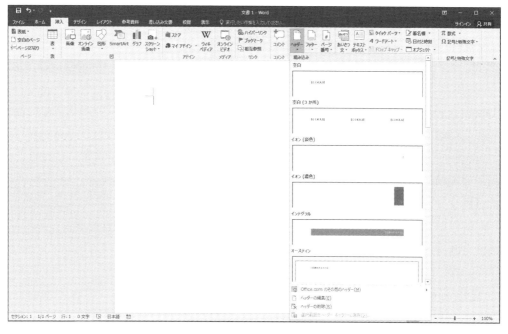

組み込みヘッダーの一覧

ページ番号

　ページ番号は、ヘッダー、フッターや左右の余白に挿入できる要素で、ページが進むにつれ、自動的に番号が変更されます。

　ヘッダーやフッターに追加する日付や時刻などの要素に比べ、多くのデザインが用意されており、挿入時には「ページの上部」「ページの下部」「ページの余白」「現在の位置」の分類から、デザインを選択して挿入します。

　ページ番号はページの下部に挿入することが多く、ヘッダー・フッターの編集時に［ヘッダー／フッターツール］から挿入するだけでなく、［挿入］タブの［ヘッダーとフッター］グループにある［ページ番号］から直接挿入することもできます。また、［ページ番号の書式］ダイアログボックスを表示することで、番号書式（A，B，CやⅠ，Ⅱ，Ⅲなど）を変更したり、開始番号を調整したりできます。

　［ページ番号の書式］ダイアログボックスは、［挿入］タブの［ページ番号］をクリックしメニューから［ページ番号の書式設定］を選択して表示します。

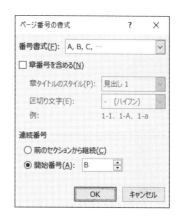

［ページ番号の書式］ダイアログボックス

2-5 印刷

作成した文書はPCに接続したプリンターから印刷することができます。ここでは通常の印刷方法、さまざまな設定を加えた印刷について学習します。

2-5-1 印刷

印刷は、主に［ファイル］タブの［印刷］から行います。この画面では「印刷プレビュー」機能で、印刷イメージを事前に確認することもできます。

文書の印刷方法

印刷を実行するには、［印刷］ボタンをクリックします。このとき、印刷に関するさまざまな設定を変更せずに印刷した場合は、作成した文書のページ設定のまま、すべてのページが1部ずつ印刷されます。印刷画面では、次のような設定が可能です。

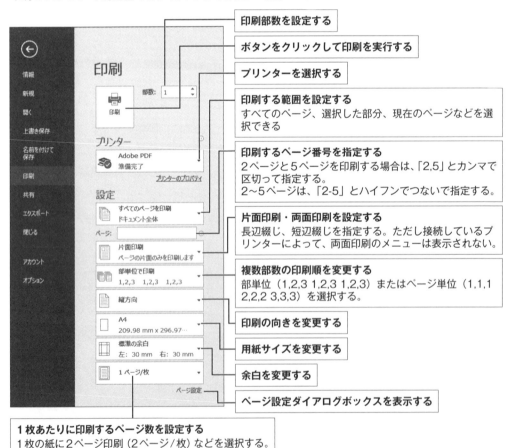

より詳細なページ設定

[ファイル] タブの [印刷] 画面の下にある [ページ設定] をクリックして [ページ設定] ダイアログボックスを開けば、より詳細なページ設定が行えます。サイズや余白、印刷の向きなどは [レイアウト] タブでも設定できます。(2-4-1参照)

印刷プレビューの設定

「印刷プレビュー」とは、印刷を実行する前に、PC上で印刷イメージを確認する機能です。

[ファイル] タブの [印刷] 画面の右側に、印刷プレビューが表示されます。左下の矢印ボタンでページを移動したり、右下のズームスライダーで拡大/縮小したりすることもできます。

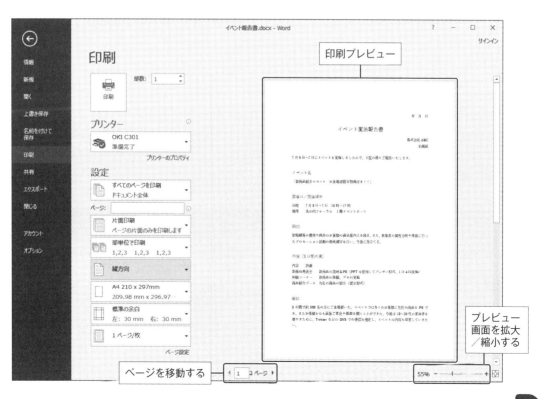

2-6 校閲

Wordでは、作成者とは別の校閲者が修正した箇所を記録する変更履歴機能や校閲者の編集を制限する機能などが備わっています。ここでは、複数のユーザーで文書を校閲する方法を学びます。

2-6-1 変更履歴の記録

Wordには、文書に加えた変更を記録する機能があります。変更した内容を反映したり、元に戻したり、コメントを挿入したりできます。このような作業のことを「校閲」といい、変更内容を記録する機能を「変更履歴」といいます。1つのファイルに対して、複数ユーザーが校閲を行うときは、変更履歴を使うとよいでしょう。

たとえば、ユーザーAが作成したファイルに対して、ユーザーBが変更履歴を記録しつつ修正を加えたり、コメントを挿入したりして校閲します。ユーザーAは、校閲された文書ファイルを受け取り、記録された変更履歴やコメントを閲覧し変更内容を反映したり、元に戻したりしながら、加筆や修正を行います。

変更履歴の記録、停止

変更履歴を記録するには、［校閲］タブの［変更履歴］グループにある［変更履歴の記録］をクリックします。クリックしたあとの作業は変更履歴として記録され、［変更履歴の記録］を再度クリックすると記録を停止します。

変更記録は、元の文字列を残した状態で挿入または削除箇所が強調されます。たとえば、変更履歴の記録中に加えた変更は、校閲者ごとに文字の色を分け、下線付きの文字で表示されます。削除した文字には取り消し線が引かれ、どの校閲者が削除したかがわかるように色を分けて表示されます。コメントを挿入すると、該当箇所がハイライトされ、引き出し線付きの吹き出しが画面の右側に表示されます。

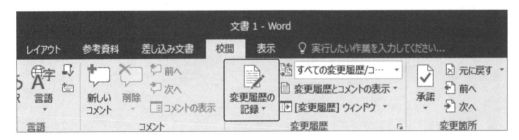

変更履歴の記録

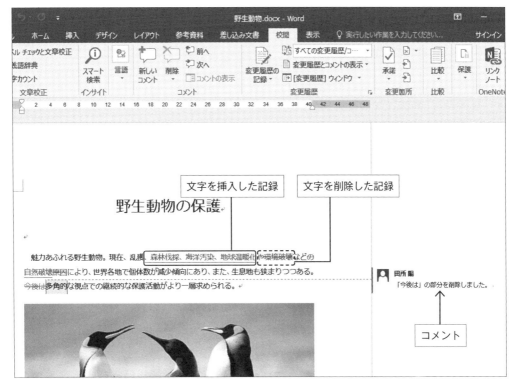

変更履歴のイメージ

2-6-2　変更箇所への対応

作成者は、校閲者の変更を確認して受け入れるか元に戻すかの対応を行います。

変更履歴を確認して、変更後の内容に確定することを［承諾］、変更前の内容に戻すことを［元に戻す］といいます。

変更箇所（修正候補）に従って修正する、無視する

文書内の変更箇所を選択し、右クリックして［挿入を反映］［挿入を元に戻す］または、［削除を反映］［削除を元に戻す］をクリックすることで、変更箇所への対応はできますが、ほかにも次のような方法があります。

［校閲］タブの［変更箇所］グループを使う方法

［校閲］タブの［変更箇所］グループにある［承諾］や［元に戻す］をクリックします。なお、いずれかをクリックすると、次の変更箇所が選択されます。また、同じグループにある［前へ］または［次へ］を使って、文書内の前後の変更箇所に移動します。

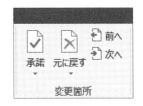

変更履歴ウィンドウを使う方法

　[校閲]タブの[変更履歴]グループにある[変更履歴]ウィンドウをクリックすると、文書の左側に変更記録ウィンドウが表示され、変更箇所が一覧で表示されます。
　一覧を右クリックして[挿入を反映][挿入を元に戻す]または、[削除を反映][削除を元に戻す]をクリックすることで、変更箇所への対応ができます。

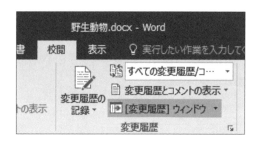

特定のユーザーの変更への対応

　[校閲]タブの[変更履歴]グループにある[変更履歴とコメントの表示]から[特定のユーザー]でユーザーを選択すると、指定したユーザーの変更履歴とコメントのみが表示されます。

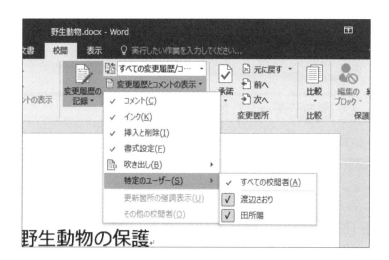

【実習】「野生動物3.docx」を開き、変更履歴の記録を停止します。次に、「渡辺さおり」の変更
をすべて反映し、「田所陽」の変更を元に戻します。

①「野生動物3.docx」を開きます。

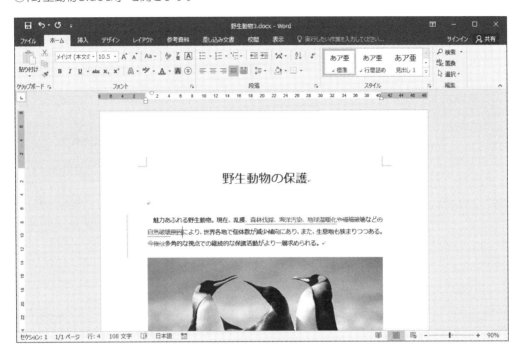

②[校閲]タブの[変更履歴]グループで、[変更履歴の記録]をクリックして記録を停止します。
※コマンドアイコンの[▼]をクリックするとメニューが表示されるので、一度の操作で記録
を止める場合は、アイコンの部分をクリックしましょう。

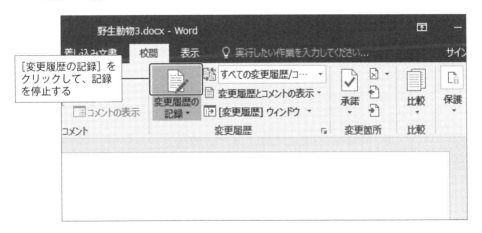

③本文1行目の文字の色が異なる「、森林伐採、海洋汚染、地球温暖化」のいずれかにカーソルを置き、[校閲] タブの [変更箇所] グループにある [承諾] から [承諾して次に進む] をクリックします。

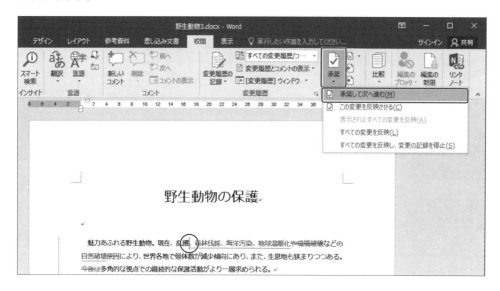

④「渡辺さおり」の変更を承諾（反映）させながら、「田所陽」の変更箇所（「今後は」の削除）まで、③の操作を続けます。

　※変更されている箇所をポイントすると、校閲者の名前や行った変更内容（削除や挿入）などがポップアップで表示されます。

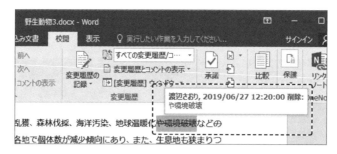

⑤「田所陽」が加えた変更「今後は」が選択されたことを確認します。

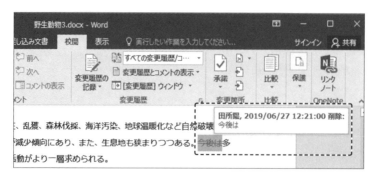

⑥[変更箇所] グループにある [元に戻す] をクリックし、メニューから [変更を元に戻す] をクリックします。

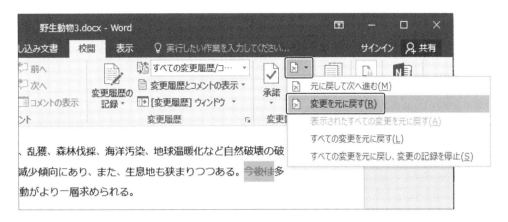

2-6-3　文書の保護・編集の制限

　作成した文書の閲覧者や校閲者に対して、編集の制限を設定することができます。制限を設けることで、意図せぬ文字の削除や不正な改ざんなどから文書を保護できます。

文書の保護

　文書を保護するには、[校閲] タブの [保護] グループにある [編集の制限] をクリックすると画面右に表示される [編集の制限] ウィンドウで、[はい、保護を開始します] ボタンをクリックします。ただし、[編集の制限] ウィンドウの「1.書式の制限」または「2.編集の制限」のいずれかを設定する必要があります。

　[はい、保護を開始します] ボタンをクリックすると、[保護の開始] ダイアログボックスが表示されるので、任意のパスワードを入力し [OK] をクリックして文書を保護します。

　なお、保護を解除するには、再度 [校閲] タブの [編集の制限] をクリックし、[編集の制限] ウィンドウにある [保護の中止] ボタンをクリックします。パスワードが設定されている場合は、パスワードを入力しない限り解除はできません。

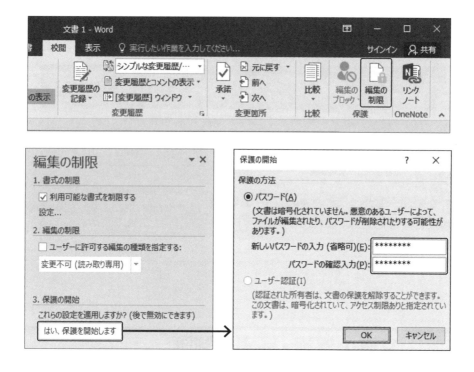

書式の制限

「書式の制限」を設定すると、利用可能なスタイルを制限することができます。

文書の保護中は、閲覧者や校閲者は許可されたスタイルしか利用できません。

書式を制限するには、[校閲] タブの [編集の制限] をクリックすると画面右に表示される [編集の制限] ウィンドウで、「1.書式の制限」にある [利用可能な書式を制限する] のチェックボックスをオンにします。

許可するスタイルは、チェックボックスの下にある [設定...] から [書式の制限] ダイアログボックスを表示して変更することができます。

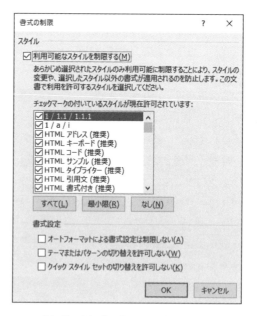

[書式の制限] ダイアログボックス

編集の制限（ユーザーに許可する編集の種類を指定）

　文書の保護で「編集の制限」を設定すると、閲覧者や校閲者による編集を制限できます。

　文書の保護中は、閲覧者や校閲者は許可された箇所しか編集できません。また、特定のユーザーに対して文書内の特定の範囲のみを自由に編集できるように許可することもできます。

　編集を制限するには、［校閲］タブの［編集の制限］をクリックすると画面右に表示される［編集の制限］ウィンドウで、「2.編集の制限」にある［ユーザーに許可する編集の種類を指定する］のチェックボックスをオンにします。

　「変更履歴」、「コメント」、「フォームへの入力」、「変更不可（読み取り専用）」の4つから種類を選択できます。

　また、特定の箇所のみ編集を許可する場合は、許可する範囲をあらかじめ範囲選択し、［例外処理（オプション）］で対象となるユーザーを指定します。

　範囲を指定したあとで「すべてのユーザー」にチェックを入れた場合は、その範囲だけは保護中であってもすべてのユーザーが編集できるようになります。なお、一覧にない特定のユーザーにのみ許可する場合は、［その他のユーザー］からユーザー名を入力します。

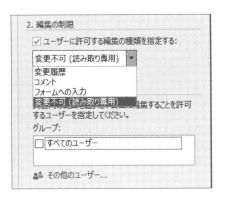

 文書の保護および編集の制限は、［ファイル］タブの［情報］画面にある［文書の保護］からも行えます。

2-7 保存

Wordで文書を保存するには、[ファイル]タブの[名前を付けて保存]または[上書き保存]を利用します。ここでは、[名前を付けて保存]を用いて、ファイル形式を変更して保存する方法について学習します。

2-7-1 互換性のあるファイル形式

[名前を付けて保存]では、Wordが扱うことができるさまざまなファイル形式を選択できます。

ファイル形式を変更して保存する場合は、[名前を付けて保存]ダイアログボックスで「ファイルの種類」から変更するか、[ファイル]タブの[エクスポート]から[ファイルの種類の変更]を選択して、ファイルの種類を選択する方法があります。

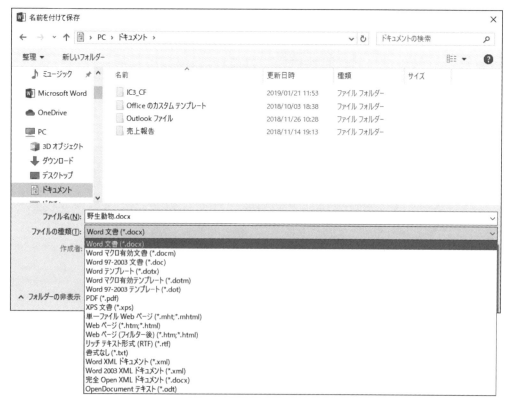

[名前を付けて保存]ダイアログボックス

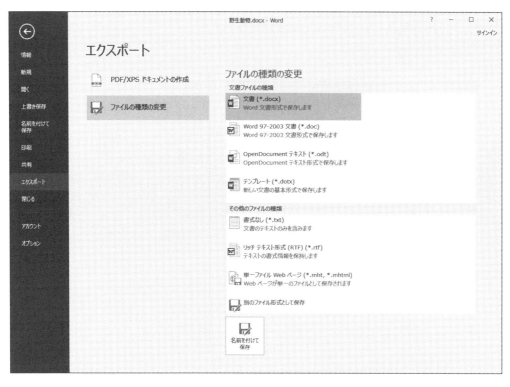

エクスポート

Wordと互換性があり、編集可能なファイルの種類

Wordで編集できる代表的なファイル形式は次のとおりです。

ファイルの種類	拡張子	説明
Word文書	docx	Wordの既定の文書形式。
Word 97-2003形式	doc	バージョン2003以前のOfficeアプリケーションでも、変換ツールを必要とせずに通常通り開けるファイルとして保存する。新しいバージョンの機能で作成した箇所は失われる場合がある。
Word テンプレート	dotx	作成したファイルをテンプレートとして保存する。
Word マクロ有効文書	dotm	マクロを使用できるファイルとして保存する。
Webページ	htm/html	作成したファイルをWebページ（HTML）形式として保存する。
書式なし	txt	テキスト形式とも呼ばれ、書式のない文字のみ（プレーンテキスト）を保存する。
リッチテキスト形式	rtf	作成したファイルをリッチテキスト形式で保存する。文字の装飾や画像が表示できる形式。
PDF	pdf	作成したファイルをPDF形式で保存する。Adobe ReaderやWebブラウザーなどで開くことができる。

プレーンテキストとHTMLの違い

「プレーンテキスト」とは、文字書式や見出しなどの文書構造などの情報を持たない文字情報のみのデータのことです。

一方、文字情報に書式や見出しなどの文書構造を加えたものが「HTML」です。HTMLはデータ上ではタグと呼ばれる特別な文字列で囲むことで、さまざまな情報を追加して表現することができます。

例) IC3　　→　IC3の文字列が太字で表示される
　　<h1>IC3</h1>　→　IC3の文字列が大見出しとして扱われる

HTMLはファイル形式をWebページに変更して保存し、公開用のWebサーバーに保存することで、インターネット上に公開することもできます。

表計算ソフト

　表計算ソフトは、さまざまなデータを表形式でまとめ、集計やグラフを作成してデータの分析を行うことができます。ここでは、Microsoft社の「Excel」を使用して、表計算ソフトの操作について学習します。

3-1 表計算ソフトの基本

表計算ソフトは、表の作成、数値の計算、グラフの作成、簡易的なデータベースの作成などを行い、データの集計や分析を行うことができるソフトウェアです。ここでは、表計算ソフトの基本的な操作画面の構成を学習します。

3-1-1 表計算ソフトの構成

表計算ソフトは、データを表形式で整理し利用するため、セルと呼ばれるマス目でデータを扱います。ここでは、代表的な表計算ソフトである「Microsoft Office Excel」のワークシートやセルの基本的な操作について学習します。

画面構成

Excelの画面の構成や各部の名称を覚えましょう。

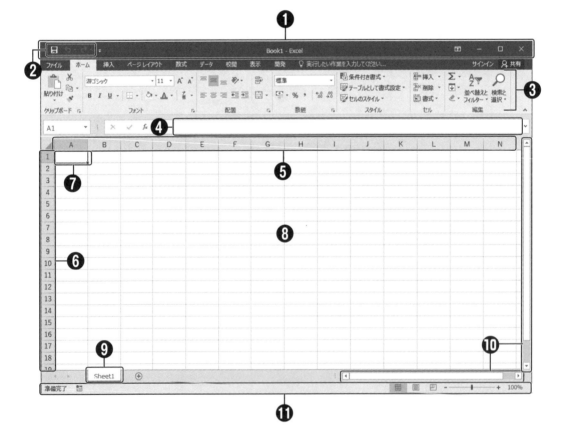

❶タイトルバー
アプリケーション名、編集中のブック名およびクイックアクセスツールバーが表示されます。

❷クイックアクセスツールバー
[上書き保存] [元に戻す] [印刷] など、頻繁に利用するコマンドボタンを配置できるツールバーです。クイックアクセスツールバーに表示するコマンドボタンはカスタマイズできます。

❸リボン、タブ
コマンドボタンが配置された領域です。アプリケーションウィンドウのサイズによって、各リボンに含まれるコマンドがグループ単位にまとめられて表示されることがあります。
[ホーム]、[挿入]、[ページレイアウト] [数式] …と表示された部分をタブといいます。タブごとに関連性の高いコマンドボタンが配置されているリボンを表示します。

❹数式バー
現在選択しているセル（アクティブセル）に入力された数式や文字を表示します。

❺列番号
ワークシートの列番号で、A～XFD（16,384列）あります。

❻行番号
ワークシートの行番号で、1～1,048,576行あります。

❼アクティブセル
現在選択しているセルのことです。

❽編集ウィンドウ（ワークシート）
「ワークシート」といわれる領域で、文字や数値データを入力、編集、表示します。

❾シート見出し
ワークシートの名前を表示します。シート見出しをクリックしてワークシートを切り替えます。

❿スクロールバー
ウィンドウに表示されていない領域を表示する場合に使用します。

⓫ステータスバー
編集ウィンドウの下部にあり、画面の表示を変更するアイコン、ズームスライダーなど、作業中のワークシートの状態やアプリケーションの状態を表示する領域です。

セル

　Excelのワークシートは、縦横に並んだマス目で構成されています。このマス目を「セル」と呼びます。ワークシート内のセルの位置を「セル番地」といい、列番号（アルファベット）と行番号（数字）を組み合わせて、「A1」や「C5」の形式で表現されます。
　セルには、数値や文字データを入力するほか、数式や関数を入力することができます。数式や関数が入力されたセルは、基本的にはその計算結果が表示されます。

列、行

　セルは、画面を縦方向に区切った「列」、横方向に区切った「行」で構成されます。行の幅やセルの高さを変更することがセルのサイズを変更することにもなります。

範囲（セル範囲）

　計算やグラフ作成に利用する対象として選択された複数のセルを「範囲（セル範囲）」と呼びます。始点のセルから終点のセルをマウスでドラッグして任意のセル範囲を指定するほか、列番号や行番号を選択することで該当するすべてのセルを選択することもできます。

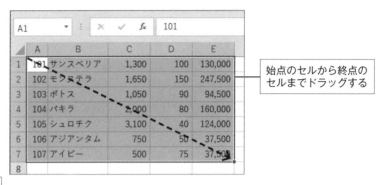

セル範囲

列の選択　　　　　　　　　　　　行の選択

ワークシート(シート)、ワークブック(ブック)

　行と列で区切られたセルの集まりである領域を「ワークシート」と呼びます。ワークシートは1つのファイル内で複数利用でき、異なるデータを一元管理することができます。

　なお、Excelファイルは「ワークブック」、「ブック」ともいいます。ブックは1つ以上のワークシートの集合であり、Excelの初期設定ではブックを新規に作成すると、「Sheet1」という名前の1枚のワークシートで構成されています。

ブックの切り替え

　複数のブックを同時に開いて作業できます。操作対象のブックを切り替えるには、[表示] タブの [ウィンドウの切り替え] をクリックし、目的のブックを選択します。

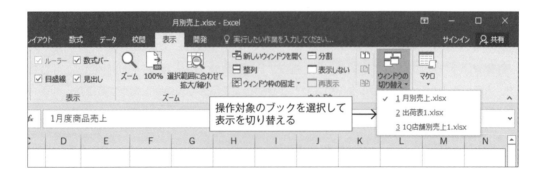

3-2 セル・行列

Excelの操作の基本は行と列で区切られたセルの扱いです。セルに入力したデータには、計算以外にも書式の設定やフィルター・並べ替えといった操作も可能です。ここでは、セルと行列の取り扱いについて学習します。

3-2-1 セルのデータ

セルには、数値、文字、数式、関数を入力できます。また、それらを別のセルにコピーしたり、連続データとして入力したりすることも可能です。

データの入力

セルにデータを入力するには、入力セルを選択します。このとき文字や記号を含むデータを入力すると、セル内に左寄せで入力されます。一方、数値のみを入力すると、右寄せで入力されます。全角数値で入力した場合も、自動的に半角数字に変換されます。

なお、数式や関数を入力したセルにはその結果が表示されますが、その結果が文字か数値かによって、同様の配置で表示されます。

複数セルの入力

複数のセルを選択した範囲に入力する場合、入力後に[Enter]キーを押すと、次のセルに移動します。矢印キーやマウスを用いてセルを移動するよりも効率的な入力が可能です。

セル内の文字の編集

セルをダブルクリックすると、セル内の文字を編集することができ、文字単位での修正や選択などが可能になります。

なお、数式や関数を入力している場合は、入力されている式が表示され修正が可能になります。

セルの表示形式

セル内のデータは目的に応じて表示形式を変更することができます。

通常セルにデータを入力すると「標準」形式として入力されます。標準形式では、文字データは左揃え、数値データは右揃えで表示され、数値データは計算で利用できるようになります。

一方で、セル内の数値データには、「桁区切り」や「パーセント」、「通貨」、「小数点表示桁数」などの表示形式を設定できます。日付のデータには、西暦や和暦などの表示形式を設定できます。表示形式の設定によって、データを見やすくしたり、単位を整えたりすると良いでしょう。

数値の表示形式は［ホーム］タブの［数値］グループの各コマンドボタンや、［セルの書式設定］ダイアログボックスの［表示形式］タブで設定します。

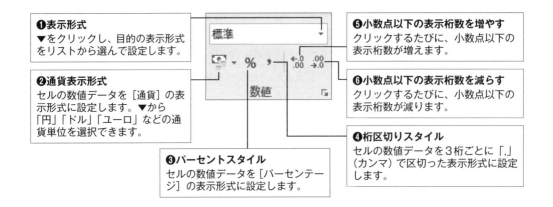

データの切り取り、コピー、貼り付け

Excelでは、原則としてセル単位でデータの切り取り、コピー、貼り付けを行いますが、行単位や列単位、シート単位での操作も可能です。

また、セルをダブルクリックしセル内の文字の編集ができる状態にし、文字単位でデータや文字列を選択し、切り取りやコピーを行うこともできます。

文字列や数値は移動やコピーをした場合、そのままのデータが貼りつけられます。

形式を選択して貼り付け

データを貼り付ける際には、形式を選択して貼り付けることができます。

形式を選択して貼りつけるには、［ホーム］タブの［貼り付け］の▼をクリックして表示される貼り付けのオプションの一覧から、形式を選択します。

貼り付けのオプション

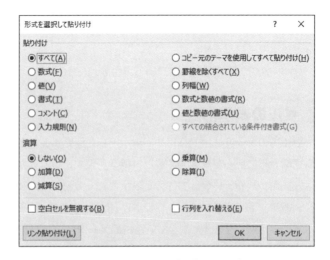

［形式を選択して貼り付け］ダイアログボックス

なお、オプションの一番下にある［形式を選択して貼り付け］を選択すると、［形式を選択して貼り付け］ダイアログボックスが表示されます。オプションの一覧にはない貼り付け方法を選択することができます。

また、貼り付けする箇所で右クリックして、表示されるメニューからも形式を選択して貼り付けることができます。

右クリックメニューの貼り付けオプション

【実習】「月別売上.xlsx」の「1月」シートのセル範囲A4:C10をコピーして、「2月」シートのA4:C10に値と数値の書式を貼り付けます。次に、「1月」シートのセル範囲E4:E10の数式と数値の書式を「2月」シートのE4:E10に貼り付けます。

①「月別売上.xlsx」を開き、「1月」シートのセル範囲A4:C10を選択します。

②［ホーム］タブの［クリップボード］グループにある［コピー］をクリックします。
　※ショートカットキーの［Ctrl］＋［C］を使用してもコピーすることができます。

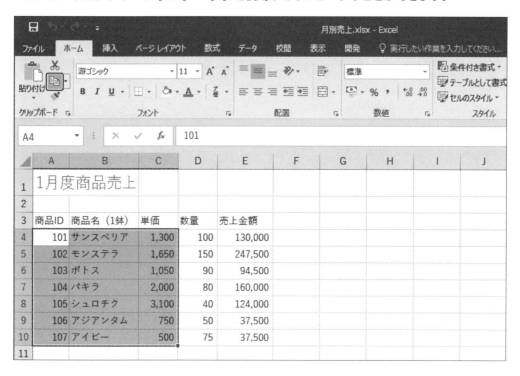

③「2月」シートのセルA4をクリックし、［ホーム］タブの［クリップボード］グループにある［貼り付け］の▼をクリックします。

④［貼り付けのオプション］の一覧から、［値と数値の書式］を選択します。

⑤「2月」シートのセル範囲A4:C10に、データが貼り付けられたことを確認します。

⑥「1月」シートに戻り、セル範囲E4:E10を範囲選択して、②と同じようにセルをコピーします。

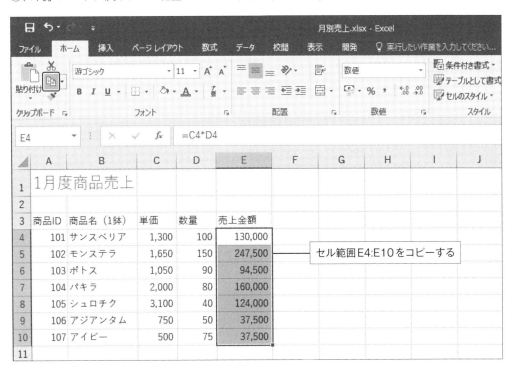

セル範囲E4:E10をコピーする

⑦「2月」シートのセルE4をクリックし、[ホーム] タブの [クリップボード] グループにある [貼り付け] の▼をクリックします。

⑧[貼り付けのオプション] の一覧から、[数式と数値の書式] を選択します。

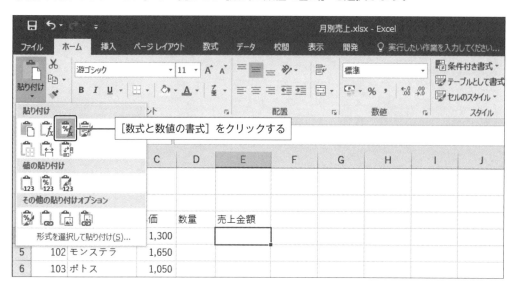

[数式と数値の書式]をクリックする

⑨「2月」シートのセル範囲E4:E10に数式が貼り付けられていることを確認します。
　※D列に任意の数字を入力すると、E列に計算結果が表示されます。

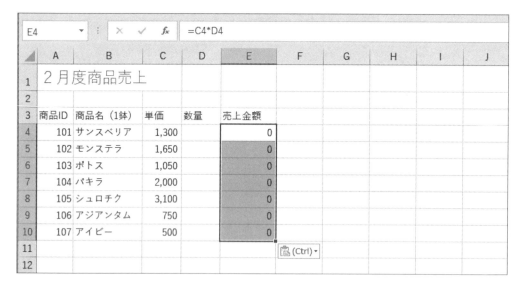

オートフィル

　入力した数式を連続した領域にあるセルにもコピーする場合、「オートフィル」機能を使うと便利です。オートフィル機能を使って連続でコピーするには、対象のデータが入力されたセルを選択して、右下に表示される「■」（フィルハンドル）をコピー先のセルまでドラッグします。オートフィルでコピーすると、参照先の行や列の番号がコピー先のセルにあわせて自動で変更されます。

　数値が入力されているセルを選択してオートフィルを行うと値が連続コピーされますが、コピー後に表示される［オートフィルオプション］をクリックすることで、連続データ、書式のみコピー、書式なしコピー、フラッシュフィルなどが選択できます。

よく使われるオートフィルオプション	機能
セルのコピー	元のセルと同じものが連続コピーされる。
連続データ	元のセルを基準に数値が1つずつ増えるように入力される。
書式のみコピー	元のセルの書式のみが連続コピーされる。
書式なしコピー	元のセルの値のみが連続コピーされる。
フラッシュフィル	元のセルを隣接するほかのセルとの関係性を分析し、同じ規則でセルにデータを入力する。

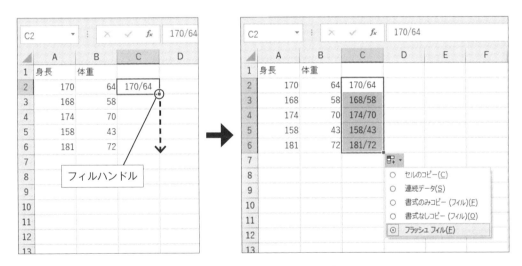

フラッシュフィルのイメージ

セルの挿入と削除

　データを入力したセルの間にセルを挿入したり、削除したりすることができます。このときセルの穴が開く状態は許されないため、挿入や削除をした分、周りのセルや行列が移動する「シフト」が発生することに注意が必要です。

セルの挿入

　作成した表の中に、セル（またはセル範囲）を挿入することができます。セルを挿入するには、［ホーム］タブの［セル］グループの［挿入］を使用します。

　［ホーム］タブの［セル］グループにある［挿入］の▼をクリックし、［セルの挿入］をクリックすると、［セルの挿入］ダイアログボックスが表示されます。ダイアログボックスでは、セルを挿入したあと、既存のセルをどの方向にシフト（移動）するのかを指定します。

　なお、セルの挿入は右クリックのショートカットメニューからも行うことができます。

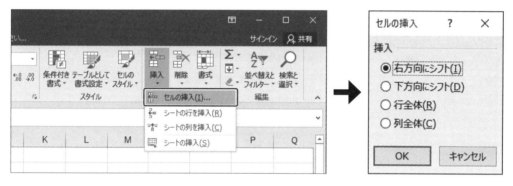

セルの挿入

セルの削除

　セルの削除は、［ホーム］タブの［セル］グループにある［削除］から行います。削除するセル（またはセル範囲）を選択して、［削除］をクリックするとセルが削除され、既存のセルは上方向に移動します。［削除］の▼をクリックして［セルの削除］をクリックすると、［削除］ダイアログボックスが表示され、セル（またはセル範囲）を削除したあとの、既存のセルの移動方向を指定します。

　なお、セルの削除は右クリックのショートカットメニューからも行うことができます。

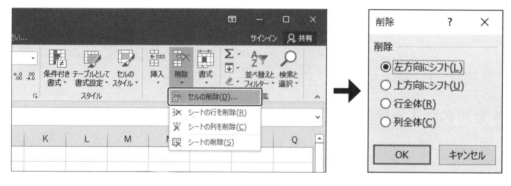

セルの削除

3-2-2　行列の挿入と削除

セルにデータを入力し表を作成したあとで、行や列の挿入や削除をすることができます。ここでは、行列単位での挿入と削除について学習します。

■ 行や列の挿入、削除

行の挿入は、[ホーム]タブの[セル]グループにある[挿入]の▼をクリックし、[シートの行を挿入]から行います。挿入した行は、選択した行の上に挿入されます。

削除は同グループの[削除]の▼をクリックし、[シートの行を削除]から行います。

行や列の挿入、削除は、選択しているセル（アクティブセル）を基点に挿入したり、削除したりできますが、行全体または列全体を選択し位置関係を明確にした方が操作しやすくなります。

列の挿入や削除も同様に、セルや列を選択し、[ホーム]タブの[セル]グループにある[挿入]の▼から[シートの列を挿入]を、[削除]の▼から[シートの列を削除]をクリックして操作します。

■ 右クリックを使った操作

行や列の挿入、削除は、右クリックのショートカットメニューからも行えます。任意の行番号や列番号を選択して、右クリックのショートカットメニューから[挿入]を選択します。行を挿入した場合は、行の上側に新しい行が挿入され、列を挿入した場合は左側に挿入されます。

同様に[削除]を選択すると、選択している行や列を削除します。効率的に表を作成するためにも、右クリックのショートカットメニューも活用しましょう。

【実習】「エリア別来場者数1.xlsx」のA列とB列の間に1列挿入し、セルB3に『6月』を入力します。次に5行目と6行目の間に1行挿入しセルA6に『北エリア』を入力します。

①「エリア別来場者数1.xlsx」を開き、列番号BのエリアをクリックしてB列全体を選択します。

※列番号のエリアをポイントするとマウスポインターの形が↓に変わります。

列番号Bのエリアをクリックする

	A	B	C	D	E	F	G	H	I
1	エリア別来場者数								
2									
3		7月	8月						
4	東エリア	1,450,000	1,020,000						
5	西エリア	1,230,000	650,000						
6	南エリア	900,000	890,000						
7									
8									

②[ホーム]タブの[セル]グループにある[挿入]の▼をクリックして、メニューから[シートの列を挿入]をクリックします。

※列を選択したあと、右クリックを使って列を挿入することもできます。

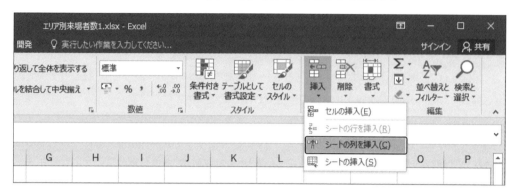

③セルB3を選択して『6月』を入力し、[Enter]キーで確定します。

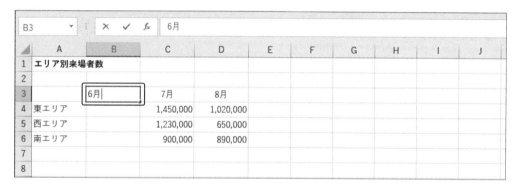

④続けて行番号6のエリアをクリックして、6行目全体を選択します。

※行番号のエリアをポイントするとマウスポインターの形が➡に変わります。

⑤[ホーム] タブの [セル] グループにある [挿入] の▼をクリックして、メニューから [シートの行を挿入] をクリックします。

※行を選択したあと、右クリックを使って行を挿入することもできます。

⑥セルA6を選択して『北エリア』と入力し、[Enter] キーで確定します。

【実習】「1Q店舗別売上1.xlsx」の7行目を削除します。

①「1Q店舗別売上1.xlsx」を開き、行番号7のエリアをクリックして、7行目全体を選択します。

※行番号のエリアをポイントするとマウスポインターの形が➡に変わります。

②[ホーム] タブの [セル] グループにある [削除] の▼をクリックして、メニューから [シートの行を削除] をクリックします。

※列を選択したあと、右クリックを使って行を削除することもできます。

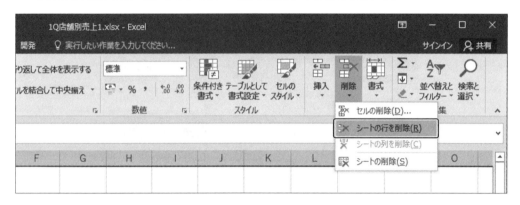

3-2-3　データのフィルターや並べ替え

基本的に表のデータは、行単位でまとめられた「レコード」として扱われます。Excelには、表から特定のデータを抽出する「フィルター」機能や、条件を指定してデータを並べ替える機能があります。

ただし、これらの機能を利用するためには、データが次のようにまとめられている必要があります。

- 1枚のワークシートに表は1つであることが望ましい
- 先頭行には列見出しとして項目名を入力する（項目名は「フィールド名」とも呼ばれる）
- 各列には列見出しに従って同じ種類のデータを入力する（列の項目を「フィールド」と呼ぶ）
- 1行は1件分のデータとする（行は「レコード」とも呼ばれる）
- 表内に空白行、空白列は含めない
- セルの先頭にスペースを含めない

注文日	支店名	商品コード	商品名	卸価格
1月10日	銀座	000-01	ショコラホワイト	400
1月11日	銀座	000-03	アーモンドショコラ	600
1月11日	丸の内	000-02	ショコラブラック	400
1月11日	品川	000-04	トリュフ	800
1月14日	目黒	000-03	アーモンドショコラ	600
1月15日	目黒	000-06	キャラメリゼ	500
1月16日	渋谷	000-07	ショコラオレンジ	600
1月17日	池袋	000-08	ショコラベリー	650
1月18日	品川	000-04	トリュフ	800
1月19日	恵比寿	000-04	トリュフ	800
1月20日	渋谷	000-01	ショコラホワイト	400
1月21日	目黒	000-05	ショコラミント	500
1月22日	銀座	000-02	ショコラブラック	400
1月23日	自由が丘	000-02	ショコラブラック	400
1月24日	表参道	000-07	ショコラオレンジ	600

フィールド名

フィールド

レコード

03

データのフィルター（抽出）

　表にフィルター機能を適用すると、条件を満たすレコードを抽出できます。抽出の条件はフィールドに対して指定します。

　フィルター機能は［データ］タブの［並べ替えとフィルター］グループにある［フィルター］、または［ホーム］タブの［編集］グループにある［並べ替えとフィルター］の［フィルター］をクリックして設定します。

　抽出する条件は、フィールド名の右側の「▼」（フィルターボタン）をクリックして表示されるデータの一覧にチェックを入れて指定するほか、文字列、数字、背景色、文字色などの条件を指定できます。また、複数の条件を指定すると、その条件をすべて満たしたレコードが抽出されます。

　フィルターを適用して条件を指定すると、フィルターボタンが「▼」に変わり、フィルターが適用されていることがわかります。フィルター実行直後のステータスバーには、抽出されたレコードの件数が表示されます。

テキストフィルター

　フィルター機能は、フィールドのデータの種類を自動的に認識します。フィールドのデータが文字列の場合は「テキストフィルター」となり、「指定する値と一致する」、「指定の値で始まる」や「指定の値を含む」などの条件でレコードを抽出できます。

127

【実習】「出荷表1.xlsx」で、商品名が「ショコラオレンジ」と「ショコラベリー」のレコードのみを表示します。

①「出荷表1.xlsx」を開き、［データ］タブの［並べ替えとフィルター］グループにある［フィルター］をクリックします。

※表内のいずれかにアクティブセルがあるようにします。

②セルF1の見出し「商品名」の右側に表示された［フィルターボタン］（▼）をクリックします。

③項目名が表示された商品名のリストから、「ショコラオレンジ」と「ショコラベリー」以外のチェックをオフにして、［OK］をクリックします。

※対象のデータが多い場合は、最上部の「(すべて選択)」をクリックし、一度すべてのチェックを外してから必要なものだけを選択すると便利です。

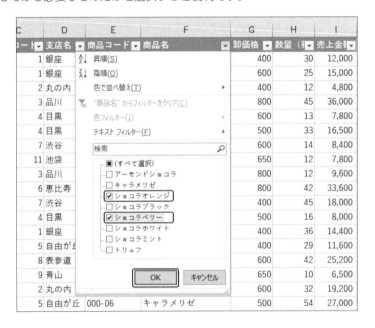

④表のデータが絞り込まれ、ステータスバーの左側に「30 レコード中 5 個が見つかりました」と表示されたことを確認します。

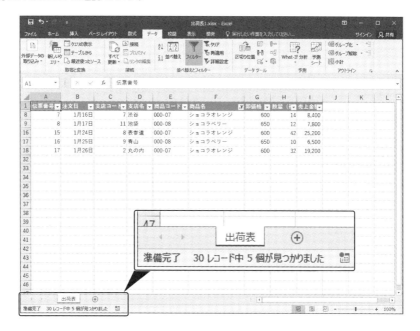

⑤次の【実習】で同じブックを使用します。[データ] タブの [並べ替えとフィルター] グループにある [フィルター] をクリックして、フィルターを解除してブックを閉じます。

数値フィルター

データが数値の場合は「数値フィルター」を使用します。「指定の値以上」や「指定の値より小さい」、「平均より下」などの条件でレコードを抽出できます。

【実習】「出荷表1.xlsx」で、数量(箱)が「40以上」のレコードだけを表示します。

①「出荷表1.xlsx」を開き、[データ] タブの [並べ替えとフィルター] グループにある [フィルター] をクリックします。

※表内のいずれかにアクティブセルがあるようにします。

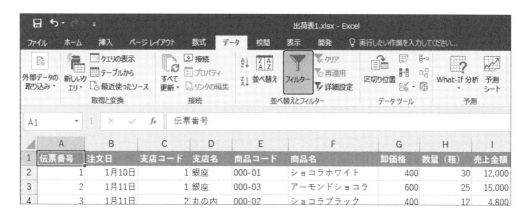

②セルF1の見出し「数量（箱）」の右側に表示された［フィルターボタン］（▼）をクリックします。［数値フィルター］を選択して、［指定の値以上］をクリックします。

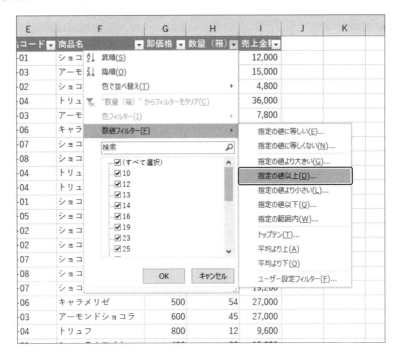

③［オートフィルターオプション］ダイアログボックスが表示されたら、抽出条件の指定のボックスに「40」と入力し、［OK］をクリックします。

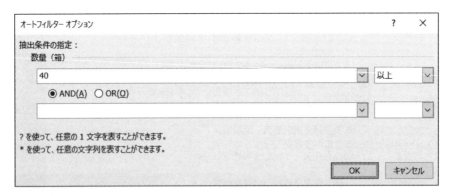

④表のデータが絞り込まれます。

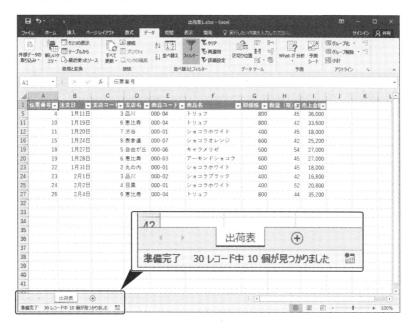

フィルターの解除

フィルターで非表示になったデータは削除されたわけではないので、フィルターを解除することで元に戻すことができます。

表全体からフィルターを解除するには、[データ] タブの [並べ替えとフィルター] グループの [フィルター] をクリックするか、[ホーム] タブの [並べ替えとフィルター] から [フィルター] をクリックします。

なお、一部の列に設定したフィルターだけを解除するには、フィルター対象の [フィルターボタン]（ <img /> ）をクリックして、["○○○" からフィルターをクリア] を選択します。

データの並べ替え

「並べ替え」機能を利用すると、指定したフィールドのデータの種類に応じて、レコードを[昇順]または[降順]で並べ替えることができます。次の表は、データの種類ごとの昇順、降順の基準です。なお、漢字データの場合は、変換時の読み方（入力時の読み）で並べ替えられます。

データの種類	昇順	降順
JIS コード	小さい順	大きい順
数値	小さい順	大きい順
日付	古い順	新しい順
アルファベット	ABC順	昇順の逆の順番
ひらがな	五十音順	昇順の逆の順番
カタカナ	五十音順	昇順の逆の順番

並べ替えを実行するとき、表のデータ全体を選択する必要はありません。逆に、特定の列だけを選択して並べ替えを実行するとその列の中だけが並べ替えられてしまい、行のまとまりであるレコードが崩れることになるので注意が必要です。

並べ替えは、[データ]タブの[並べ替えとフィルター]グループ、または[ホーム]タブの[編集]グループから行います。

単一の条件で並べ替える場合は、1つのフィールドを基準にしてレコードを並べ替えます。基準となる列のフィールド名にセルがある状態で、[昇順]または[降順]で並べ替えることができます。

一方、複数の条件で並べ替える場合は、[データ]タブの[並べ替え]、または[ホーム]タブの[ユーザー設定の並べ替え]で表示される[並べ替え]ダイアログボックスから、並べ替えの条件となるフィールドに対して優先順位を設定します。

[並べ替え]ダイアログボックス

【実習】「出荷表 2.xlsx」の表を「伝票番号」の昇順に並べ替えます。

①「出荷表 2.xlsx」を開き、セル A1 の「伝票番号」を選択します。

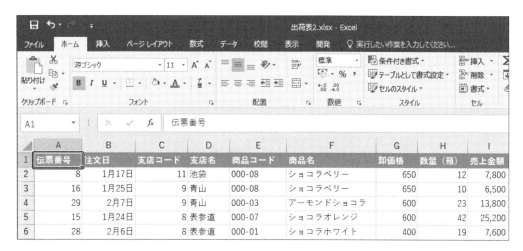

②[データ]タブの[並べ替えとフィルター]グループで[昇順]をクリックします。

③伝票番号が1から順番に並び替わったことを確認します。

3-2-4 セルの書式

　セルに入力した数値や文字列には、フォントの種類、サイズ、色、太字などの文字書式を設定できます。また、セルには罫線や塗りつぶしの書式を設定できます。セルやデータに書式を設定して、データを見やすくしたり、表の体裁を整えたりします。なお、文字列の書式は、Officeアプリケーションに共通する操作のため、ここでの解説は省きます。

枠線（セルの罫線）

セルには、罫線と呼ばれる囲み線を設定することができます。

罫線

　セルの罫線は［ホーム］タブの［フォント］グループにある［罫線］や、［フォント］グループのダイアログボックス起動ツールをクリックして表示される［セルの書式設定］ダイアログボックスの［罫線］タブで設定します。罫線には色を設定したり、線種を変更したりできます。

斜め線

　一般的な罫線は、[フォント] グループの [罫線] に組み込まれていますが、表の空白セルなどに斜めの罫線を引く場合は、[セルの書式設定] ダイアログボックスから設定します。

　斜めの線を設定するセルを選択して、[セルの書式設定] ダイアログボックスの [罫線] タブを表示します。[罫線] セクションのプレビュー画面の「文字列」と表示されている箇所をクリックするか、左下がりまたは右下がりの [斜め線] をクリックします。

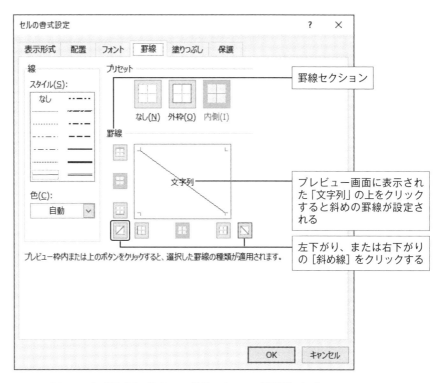

[セルの書式設定] ダイアログボックスの [罫線] タブ

罫線の削除

　罫線を削除するには、罫線を設定しているセル、またはセル範囲を選択して [罫線] から [枠なし] を選択します。

セルの塗りつぶし

　セルの塗りつぶしは［ホーム］タブの［フォント］グループにある［塗りつぶしの色］や、［セルの書式設定］ダイアログボックスの［塗りつぶし］タブで設定します。［セルの書式設定］ダイアログボックスでは色に加え、網掛け（パターン）の種類や色を設定することもできます。

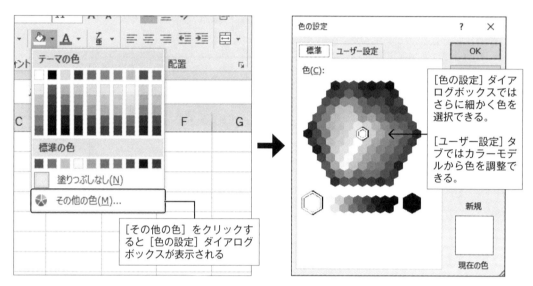

塗りつぶしの色　　　　　　　　　その他の色（［色の設定］ダイアログボックス）

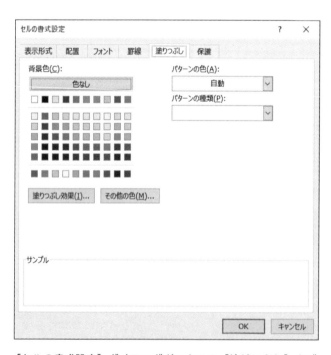

［セルの書式設定］ダイアログボックスの［塗りつぶし］タブ

セルサイズの変更

　セルのサイズは、入力するデータの長さに合わせて変更することができます。

　セルの幅（列の幅）や高さ（行の高さ）を変更するには、列番号や行番号の境界線をドラッグする方法、数値を指定する方法、セルに入力されているデータの幅や高さに合わせて自動調整する方法があります。

　セルに入力された数値データの桁数に対してセルの幅が狭い場合、数字の代わりに連続した「#####」記号が表示されます。セルの幅を数値の桁数に必要なサイズまで広げれば、数値が表示されます。入力したデータに合わせて、セルの幅や高さを整えることも大切です。

境界線をドラッグする

　列の幅を変更するには、列番号の境界線をポイントし、マウスポインターの形が「✛」に変化したら左右の方向にドラッグします。行の高さを変更するには、行番号の境界線をポイントし、マウスポインターの形が「✛」に変化したら上下の方向にドラッグします。

　列番号や行番号の境界線をドラッグする方法は、入力されているデータを見ながら、直感的に操作できます。

列の幅の調整　　　　　　　　　　　　行の高さの調整

数値を指定する

　列の幅や行の高さは、[列幅] ダイアログボックス、[行の高さ] ダイアログボックスから数値を指定して変更することができます。ダイアログボックスは、対象の行や列またはセルを選択して、[ホーム] タブの [セル] グループにある [書式] から [行の高さ] または [列の幅] をクリックして表示します。

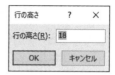

［行の高さ］ダイアログボックス

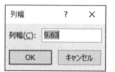

［列幅］ダイアログボックス

行の高さ、列の幅の自動調整

　セルに入力されているデータの長さに応じて列幅を自動で調整するには、列の境界線をダブルクリックします。境界線をドラッグしたり、数値を指定したりしなくても、セルに入力されている一番長いデータに合わせて、列の幅が自動的に調整されるので便利です。

　行の高さも自動調整できます。列と同様に、行の境界線をダブルクリックして設定します。

複数の行や列の高さと幅を変更する

　複数の行や列の高さと幅を一度に変更することもできます。対象の行番号または列番号の範囲をドラッグして選択し、いずれか1つの行や列の境界線をドラッグすれば任意のサイズに変更できます。ダブルクリックすれば選択した列ごとに一番長いデータに合わせてサイズが自動調整されます。または［ホーム］タブの［セル］グループにある［書式］をクリックして、［列幅］または［行の高さ］ダイアログボックスから数値を指定したサイズ変更もできます。

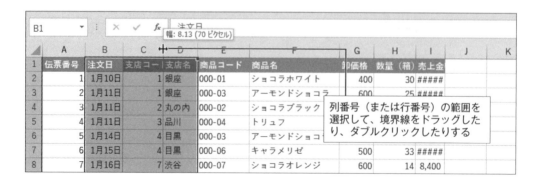

【実習】「エリア別来場者数2.xlsx」の1行目の高さを「25」に変更し、B列からD列の幅をセルの文字幅に合わせて自動調整します。

①「エリア別来場者数2.xlsx」を開き、1行目を行選択します。

　※行番号「1」をポイントして、マウスポインターの形が➡に変わったらクリックします。

　※セルA1を選択しても操作できますが、その場合は［ホーム］タブ＞［セル］グループの［書式］＞［行の高さ］ダイアログボックスから操作する必要があります。

②行番号の上で右クリックをして、ショートカットメニューから［行の高さ］をクリックします。

③［行の高さ］ダイアログボックスが表示されたら、『25』を入力して［OK］をクリックします。

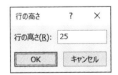

④次に、B列からD列までを列選択します。

※列番号「B」をポイントしてマウスポインターの形が↓に変わったら、ドラッグしながら列番号「D」まで選択します。B列からD列をドラッグしている間、マウスポインターの形は✛に変わります。

	A	B	C	D
1	エリア別来場者数			
2				
3		6月	7月	8月
4	東エリア	######	######	######
5	西エリア	######	######	650,000
6	北エリア	720,000	810,000	700,000
7	南エリア	800,000	900,000	890,000
8				

⑤[ホーム]タブの[セル]グループの[書式]をクリックし、メニューから[列の幅の自動調整]をクリックします。

※④でB列からD列を選択後、BとC列の境界線、またはCとD列の境界線をダブルクリックしても同じ結果が得られます。

セルの文字揃え

セルに入力した数値や文字列は、[ホーム] タブの [配置] グループにある縦位置（上、上下中央、下）と、横位置（左、中央、右）を組み合わせて配置を整えることができます。行の高さや列の幅に合わせて、セル内で文字や数値の縦横の配置を変更します。

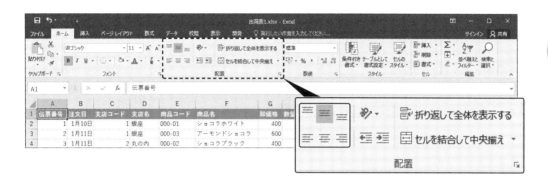

折り返して全体を表示する

Excelブック「1Q店舗別売上1.xlsx」のセルA1のように、データ（文字列）がセル幅より長い場合、隣のセルにはみ出して表示されます。[ホーム] タブの [配置] グループにある [折り返して全体を表示する] をクリックすると、列幅に合わせて文字が折り返され、セル内に収めることができます。Excelブック「1Q店舗別売上1.xlsx」のセルA1 に [折り返して全体を表示する] を設定すると、次の図のようになります。

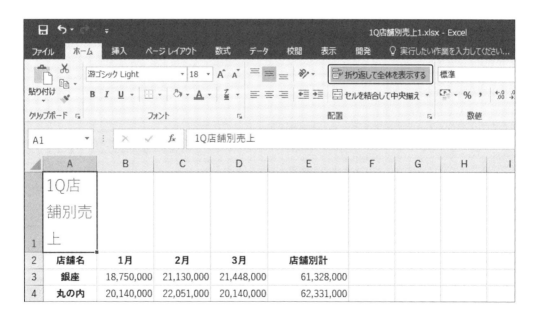

［セルの書式設定］ダイアログボックス

セルに入力した文字やデータの配置は、［セルの書式設定］ダイアログボックスの［配置］タブでも設定できます。ダイアログボックスを開くには、［ホーム］タブの［配置］グループのダイアログボックス起動ツールをクリックします。

［セルの書式設定］ダイアログボックスの［配置］タブ

選択範囲内で中央

セルを結合しないで、選択したセル範囲の中央にデータを配置することもできます。［セルの書式設定］ダイアログボックスの［配置］タブで設定します。

横位置を［選択範囲内で中央］に設定すると、その範囲のセルの境界線は表示されません。セルを結合しているように見えますが、それぞれのセルをクリックすると独立したセルとして選択できます。

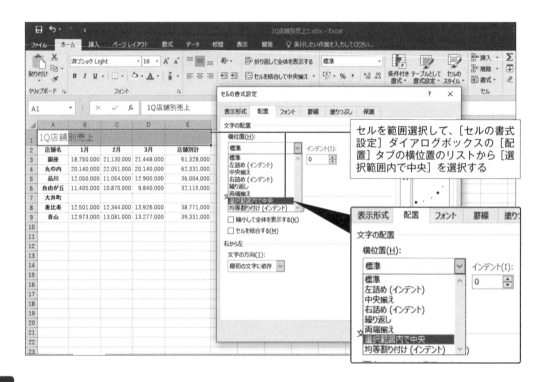

セルを範囲選択して、［セルの書式設定］ダイアログボックスの［配置］タブの横位置のリストから［選択範囲内で中央］を選択する

セルのスタイル

　文字や段落、表などに設定した複数の書式の組み合わせを「スタイル」と呼びます。文字のスタイルにはフォントやフォントサイズ、文字の色、塗りつぶし、配置など、さまざまな書式が含まれます。スタイルはExcelだけでなく、WordやPowerPointを含めて、Officeアプリケーションに備わっている機能です。

　スタイルを適用すれば、登録されている複数の書式をまとめて設定できるため、すばやく文書のデザインを整えることができます。各アプリケーションには、複数のスタイルがあらかじめ登録されており、一覧から選択するだけで適用できます。

　Excelでは、セルにスタイルを適用する場合、[ホーム]タブの[セルのスタイル]から行います。

【実習】「1Q店舗別売上3.xlsx」のセルA1のスタイルを[タイトル]に変更します。

①「1Q店舗別売上3.xlsx」を開き、セルA1を選択します。

	A	B	C	D	E
1	1Q店舗別売上				
2	店舗名	1月	2月	3月	店舗別計
3	銀座	18,750,000	21,130,000	21,448,000	61,328,000
4	丸の内	20,140,000	22,051,000	20,140,000	62,331,000
5	品川	12,050,000	11,054,000	12,900,000	36,004,000
6	自由が丘	11,405,000	10,870,000	9,840,000	32,115,000
7	恵比寿	12,501,000	12,344,000	13,926,000	38,771,000
8	青山	12,973,000	13,081,000	13,277,000	39,331,000

②[ホーム]タブの[スタイル]グループで、[セルのスタイル]をクリックし、一覧から[タイトル]を選択します。

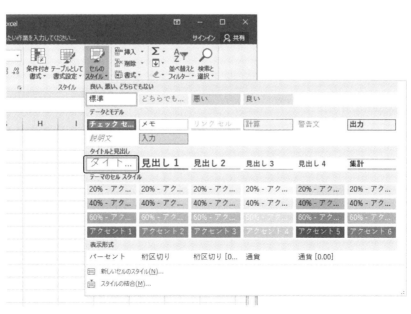

③セルA1の文字列「1Q店舗別売上」にスタイルが適用されたことを確認します。

	A	B	C	D	E
1	1Q店舗別売上				
2	店舗名	1月	2月	3月	店舗別計
3	銀座	18,750,000	21,130,000	21,448,000	61,328,000
4	丸の内	20,140,000	22,051,000	20,140,000	62,331,000
5	品川	12,050,000	11,054,000	12,900,000	36,004,000
6	自由が丘	11,405,000	10,870,000	9,840,000	32,115,000
7	恵比寿	12,501,000	12,344,000	13,926,000	38,771,000
8	青山	12,973,000	13,081,000	13,277,000	39,331,000

3-2-5 セルを結合する

Excelでは連続したセル範囲を結合し、1つの大きなセルとしてデータを配置することができます。ここでは、複数のセルにまたがるデータの扱いについて学習します。

セルの結合

セルの結合は［ホーム］タブの［配置］グループにある［セルを結合して中央揃え］から行います。

表のタイトルにあたるセル範囲を選択して、［セルを結合して中央揃え］をクリックすると、選択範囲が1つのセルになり、文字列が中央に配置されます。

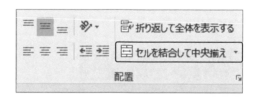

中央揃えにしないでセルを結合するには、対象のセル範囲を選択した後、［セルを結合して中央揃え］の右にある▼をクリックし、［セルの結合］をクリックします。

また、複数行複数列を選択し［横方向に結合］をクリックすると、行方向にだけ結合されます。仮に、セルA1からC3までを範囲選択し［横方向に結合］をクリックすると、A1からC1、A2からC2、A3からC3がそれぞれ結合した3つのセルになります。

【実習】「1Q店舗別売上2.xlsx」の1行目の見出し「1Q店舗別売上」が、A列からE列の中で中央揃えになるようにセルを結合します。

①「1Q店舗別売上2.xlsx」を開き、セル範囲A1:E1を範囲選択します。

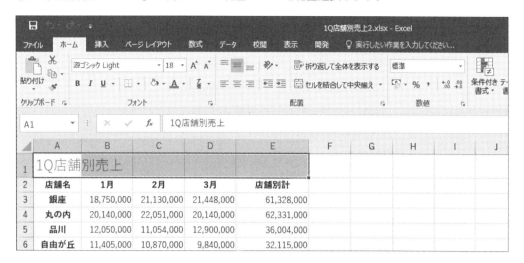

②[ホーム]タブの[配置]グループで、[セルを結合して中央揃え]をクリックします。

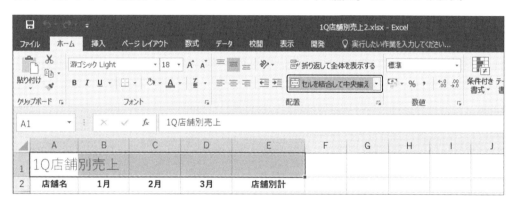

③「1Q店舗別売上」のセルが結合され、文字列が中央揃えになっていることを確認します。

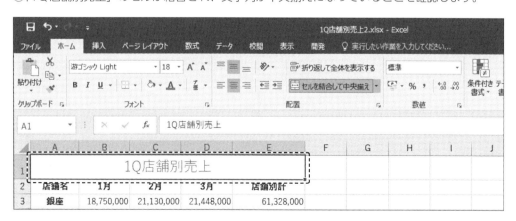

セル結合の解除

　セルの結合を解除するには、対象のセルを選択して [ホーム] タブの [セルを結合して中央揃え] を再度クリックします。または同ボタンの右にある▼をクリックして、[セル結合の解除] をクリックします。

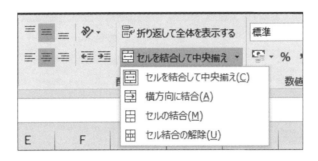

3-2-6　シートの取り扱い

　Excelブックには1枚以上のワークシートが用意されています。ワークシートは、簡単に挿入したり、削除したりできます。ここでは、ワークシートの操作方法を学習します。

ワークシートの選択

　操作対象となっている（現在表示されている）ワークシートのことを「アクティブシート」と呼びます。複数のワークシートがあるブックで、アクティブシートを切り替えるには、シート名が表示されたタブ「シート見出し」をクリックします。

　なお、複数のシートを選択する際は、[Ctrl] キーを押しながらシート見出しを選択します。また、[Shift] キーを押しながら選択すると、選択したシートの間にあるすべてのシートが選択されます。

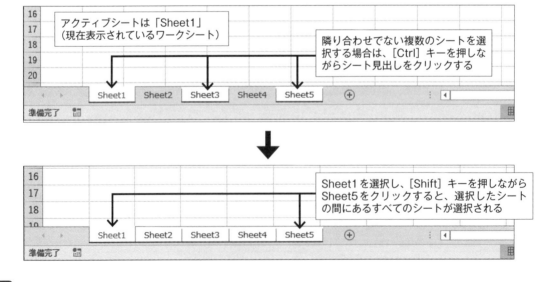

シートの挿入

ブックに新しいワークシートを挿入するには、既存のワークシートの右端にある［新しいシート］（⊕）をクリックします。このボタンをクリックすると、現在のアクティブシートの右側に新しいワークシートが挿入され、挿入したワークシートがアクティブシートに変わります。

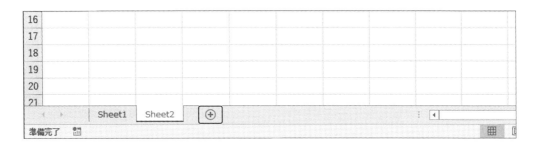

シートの削除

ワークシートを削除するには、削除するワークシートのシート見出しの上で右クリックをして、ショートカットメニューの［削除］をクリックします。［ホーム］タブの［セル］グループにある［削除］の▼から［シートの削除］を選択しても削除できます。

シート名の変更

ワークシートの名前は任意の名前に変更できます。ワークシートの名前を変更するには、シート見出しをダブルクリックして編集するか、シート見出しの上で右クリックをして、ショートカットメニューの［名前の変更］から編集する方法があります。

ワークシートには命名規則があり、アスタリスク（*)、疑問符（?)、コロン（:）、スラッシュ（/)、円記号（¥）または角かっこ（[ ])、などの特殊な記号は含めることができません。

 命名規則とは、名前を付けるための一定のルールのことです。

シートのコピー、移動

1つのブック内でワークシートを簡単に移動できます。ワークシートのシート見出しにマウスポインターを合わせ、少し長めにマウスの左ボタンを押すと、マウスポインターの形が「🖑」に変わり、選択したシート見出しの左側に「▼」マークが表示されます。この状態で、移動先のワークシートの左右のいずれかに「▼」マークを合わせてドラッグします。また、［Ctrl］キーを押しながら移動の操作をするとワークシートがコピーできます。［Ctrl］キーを押すとマウスポインターの形が「🖑」に変わります。

なお、ワークシートの移動やコピーは、[シートの移動またはコピー] ダイアログボックスを使用することもできます。移動するワークシートを選択して右クリックし、ショートカットメニューの [移動またはコピー] を選択します。[シートの移動またはコピー] ダイアログボックスが表示されたら、[挿入先] のワークシートを選択して、[OK] をクリックします。ダイアログボックスの [コピーを作成する] にチェックを入れると、ワークシートがコピーされます。

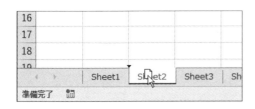

ワークシートの移動

ワークシートのコピー

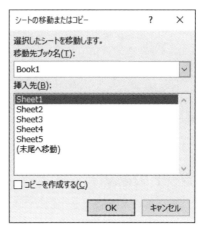

[シートの移動またはコピー]
ダイアログボックス

シート見出しの色

ワークシートのシート見出しには色を付けることができます。

見出しに色が付いていると、シートごとに色分けして管理したり、見やすくしたりできるため、複数のワークシートがあるブックでは、シートの整理に役立ちます。

シート見出しの色を設定するには、ワークシートのシート見出しの上で右クリックし、ショートカットメニューの [シート見出しの色] から行います。

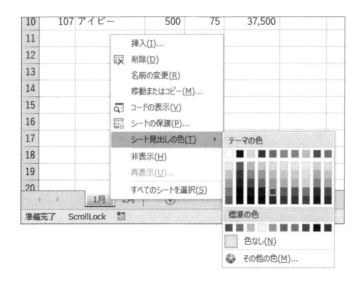

3-3 数式と関数

　Excelでは四則演算を用いる数式や、より複雑な計算を簡単に行う関数を使って、データを集計することができます。ここでは、数式と関数の利用方法を学習します。

3-3-1 数式

セルの数値データは数式を使って四則演算ができます。

数式の入力

　数式は計算結果を表示するセルに直接入力するか、ワークシートのすぐ上にある「数式バー」に入力します。

　数式を入力するには、先頭に等号「＝」を入力して、数値またはセル番地と演算子を入力します。たとえば、数式に数値を使用する場合は、「＝1+2」を入力します。セル番地を指定して数式を挿入する場合は「＝A2+B2」のようにします。

　数式にセル番地を使う場合は、キーボードでセル番地を直接入力するほか、対象のセルをクリックしてセル番地を指定します。数式にセル番地を使用すると、参照先のセルのデータを変更したときに自動的に変更したデータで再計算されます。

　なお、複数の演算子を用いる数式では、一般的な順序と同じく乗算と除算が優先されますが、かっこ( )を用いることで計算の順序を指定することもできます。かっこは( )のみを利用し、中かっこや大かっこは利用しません。

演算子	演算	入力例
＋	加算（たし算）	＝1+2 ＝A1+B1
－	減算（ひき算）	＝2-1 ＝B1-A1
＊	乗算（かけ算）	＝1＊2 ＝A1＊B1
／	除算（わり算）	＝2/1 ＝B1/A1
＾	べき乗	＝A1^B1 ＝1^2

3-3-2 セル参照

セルの位置は、A列の1行目のセルを「A1」、C列の3行目のセルを「C3」という形式で表します。この番号を使用して数式などに利用することを「セル参照」といいます。

数式や関数でセルの参照方法として「相対参照」、「絶対参照」、「複合参照」の3種類があります。それぞれの違いを正しく理解して、適切に使い分けます。

相対参照

「相対参照」とは、数式が設定されているセルを基点として、行と列の位置を相対的に参照する方法です。

Excelの既定の参照方法は相対参照です。数式が入力されているセルをコピーすると、セルの値（数式の計算結果）ではなく、数式そのものがコピーされますが、コピー元のセルを基点に、コピー先の行と列の位置から、自動的にセル番地が書き換えられます。

たとえば、次のようにセルA2からB4にデータを入力し、セルC2に「=A2+B2」と相対参照で数式を入力します。セルC2の数式をセルC3にコピーすると、セルC3の数式は「=A3+B3」と自動的に書き換えられます。セルC3はセルC2と同じ列の1行下にあり、数式内のセル番地が相対的に保たれるからです。同様にセルC4にコピーすると、同じ列の2行下なので、セル番地が自動的に書き換えられて、数式は「=A4+B4」となります。なお、数式のコピーには、オートフィルを使うこともできます。

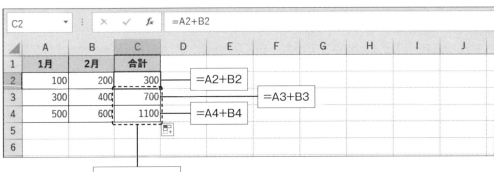

絶対参照

「絶対参照」とは、指定したセルを常に固定して参照する方法です。絶対参照でセルを参照するには、セル番地の列番号と行番号の前に「$」を付けて「$A$1」と記述します。セルを絶対参照で記述すると、数式をコピーした際にコピー元と同じセル番地を参照します。

たとえば、次のようにセルA2からB4にデータを入力し、セルC2に「=$A$2+$B$2」と絶対参照で数式を入力したとします。このセルC2の数式をセルC3とセルC4にコピーすると、「=$A$2+$B$2」となり、コピー元のセルC2と同じ数式になります。

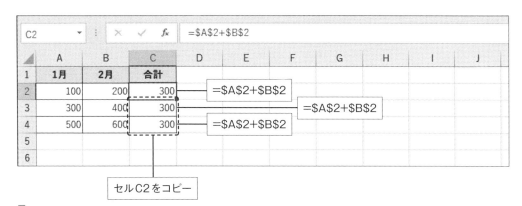

複合参照

「複合参照」とは、行または列のどちらか一方を固定して参照する方法です。固定する行または列のいずれかの番号の前に「$」を付けます。たとえばセルA1の場合、列のみ固定したければ「$A1」、行のみ固定したければ「A$1」と記述します。

また、セル参照をしたときに[F4]キーを押すと、「絶対参照」→「行のみ固定の複合参照」→「列のみ固定の複合参照」→「相対参照」の順番で切り替えることができます。参照の切り替えイメージは次のとおりです。

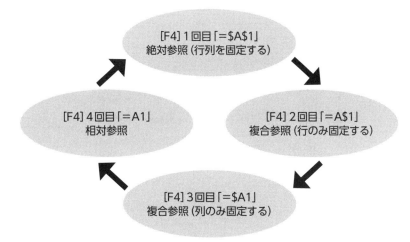

[F4]キーを使用した絶対参照、複合参照、相対参照の切り替え

【実習】「出荷表3.xlsx」のセル範囲J5:J34に、セルJ2の消費税を利用して税込み金額を求める数式を作成します。

①「出荷表3.xlsx」を開き、セルJ5を選択します。

※日本語入力はオフ（半角英数）の状態にしておきましょう。

J5	▼	:	×	✓	fx						
	A	B	C	D	E	F	G	H	I	J	
1										**消費税**	
2										10%	
3											
4	伝票番号	注文日	店舗コード	支店名	商品コード	商品名	卸価格	数量（箱）	売上金額	税込み金額	
5	1	1月10日	1	銀座	000-01	ショコラホワイト	400	30	12,000		
6	2	1月11日	1	銀座	000-03	アーモンドショコラ	600	25	15,000		
7	3	1月11日	2	丸の内	000-02	ショコラブラック	400	12	4,800		
8	4	1月11日	3	品川	000-04	トリュフ	800	45	36,000		
9	5	1月14日	4	目黒	000-03	アーモンドショコラ	600	13	7,800		
10	6	1月15日	4	目黒	000-06	キャラメリゼ	500	33	16,500		

②セルJ5を選択した状態で、『=I5*(1+J2』を入力します。

※セルI5、J2はセルをクリックして指定することができます。

×	✓	fx	=I5*(1+J2						
B	C	D	E	F	G	H	I	J	
								消費税	
								10%	
文日	店舗コード	支店名	商品コード	商品名	卸価格	数量（箱）	売上金額	税込み金額	
1月10日	1	銀座	000-01	ショコラホワイト	400	30	12,000	=I5*(1+J2	
1月11日	1	銀座	000-03	アーモンドショコラ	600	25	15,000		

③「=I5*(1+J2」まで入力したら、キーボードの［F4］キーを押し、J2が「$J$2」と表示されていることを確認します。

×	✓	fx	=I5*(1+$J$2						
B	C	D	E	F	G	H	I	J	
								消費税	
								10%	
文日	店舗コード	支店名	商品コード	商品名	卸価格	数量（箱）	売上金額	税込み金額	
1月10日	1	銀座	000-01	ショコラホワイト	400	30	12,000	=I5*(1+$J$2	
1月11日	1	銀座	000-03	アーモンドショコラ	600	25	15,000		

④数式の閉じかっこ『)』を入力し、[Enter] キーを押して入力を確定します。

	B	C	D	E	F	G	H	I	J
									消費税
									10%
	注文日	店舗コード	支店名	商品コード	商品名	卸価格	数量（箱）	売上金額	税込み金額
	1月10日	1	銀座	000-01	ショコラホワイト	400	30	12,000	=I5*(1+$J$2)
	1月11日	1	銀座	000-03	アーモンドショコラ	600	25	15,000	

数式バー: =I5*(1+$J$2)

⑤セルJ5に税込み金額「13,200」が表示されたことを確認します。

⑥セルJ5を選択し、セルの右下のフィルハンドルにカーソルを合わせて、ポインターの形が「＋」の形に変わったら、フィルハンドルをダブルクリックします。

※フィルハンドルをセルJ34までドラッグしても同じ結果が得られます。

⑦J6以降のセルにも税込み金額が表示されます。

	B	C	D	E	F	G	H	I	J
									消費税
									10%
	注文日	店舗コード	支店名	商品コード	商品名	卸価格	数量（箱）	売上金額	税込み金額
	1月10日	1	銀座	000-01	ショコラホワイト	400	30	12,000	13,200
	1月11日	1	銀座	000-03	アーモンドショコラ	600	25	15,000	16,500
	1月11日	2	丸の内	000-02	ショコラブラック	400	12	4,800	5,280
	1月11日	3	品川	000-04	トリュフ	800	45	36,000	39,600
	1月14日	4	目黒	000-03	アーモンドショコラ	600	13	7,800	8,580
	1月15日	4	目黒	000-06	キャラメリゼ	500	33	16,500	18,150
	1月16日	7	渋谷	000-07	ショコラオレンジ	600	14	8,400	9,240

数式バー: =I5*(1+$J$2)

3-3-3　関数

「関数」とは、計算の目的に合わせて、あらかじめ定義されている数式です。複雑な数式を入力しなくとも、簡単に計算することができます。また、四則演算では求めることが不可能な結果を返すこともできます。

関数の入力

関数は次の書式に従ってセルに入力します。

関数を実行にするには、「引数」が必要です。引数には、数値、文字列、TRUEやFALSEなどの論理値、セルを指定します。関数によって指定する引数の種類や数が異なります。セル範囲を指定する場合は、始点のセル番地と終点のセル番地を「:」（コロン）で結んで記述します。

関数は、セルまたは数式バーにキーボードから直接入力する方法以外に、[数式] タブの [関数の挿入ライブラリ] グループにある [関数の挿入] をクリックする方法、または数式バーの左側にある [関数の挿入]（fx）から挿入する方法があります。いずれの方法も [関数の挿入] をクリックすると [関数の挿入] ダイアログボックスが表示されます。[関数の挿入] ダイアログボックスから、関数を検索したり、選択したりして、ウィザード形式で挿入します。

なお、[数式] タブの [関数ライブラリ] グループでは、関数が種類ごとに分類されています。それぞれの分類から関数を選んで挿入することもできます。

また、合計を求める「SUM」関数や平均を求める「AVERAGE」関数など、簡単な関数は [ホーム] タブの [編集] グループにある [ΣオートSUM] から入力することもできます。

[数式] タブの [関数の挿入] と数式バーの [関数の挿入] と [関数の挿入] ダイアログボックス

[ホーム] タブの [ΣオートSUM]

SUM関数

「SUM」関数は指定したセル範囲の合計を求める関数です。書式は次のとおりです。

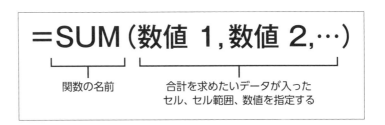

引数の「数値1」「数値2」にセル範囲を指定する場合は「A1:C3」のように「:」を用いた範囲が入力されます。

たとえば、「=SUM(A1:C3,E1:F3)」の場合は、セルA1からC3の合計とセルE1からF3の合計が合算された値が返されます。

【実習】「1Q店舗別売上4.xlsx」のセルB9に、SUM関数を使用して1月の売上合計を求めます。

①「1Q店舗別売上4.xlsx」を開き、セルB9を選択します。

	A	B	C	D
1	1Q店舗別売上			
2	店舗名	1月	2月	3月
3	銀座	18,750,000	21,130,000	21,448,000
4	丸の内	20,140,000	22,051,000	20,140,000
5	品川	12,050,000	11,054,000	12,900,000
6	自由が丘	8,725,000	10,870,000	9,840,000
7	恵比寿	8,634,000	12,344,000	13,926,000
8	青山	12,973,000	13,081,000	13,277,000
9	合計			
10	平均			

②[ホーム]タブの[編集]グループにある[ΣオートSUM]をクリックします。
　※[Σ]ボタンのみ表示されている場合は、[Σ]の▼をクリックして、メニューから[合計]を選択します。

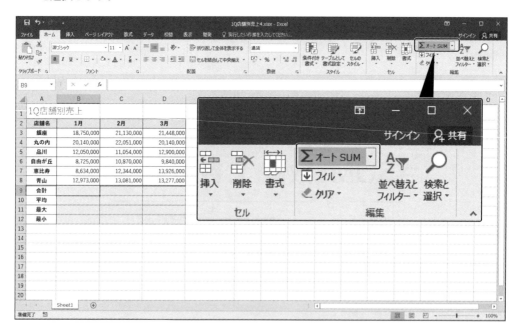

③セルB9に「=SUM(B3:B8)」が表示されていることを確認して、[Enter] キーを押します。
　※セルB9には、セルB3からB8の数値を合計した値が表示されます。

	A	B	C	D
1	1Q店舗別売上			
2	店舗名	1月	2月	3月
3	銀座	18,750,000	21,130,000	21,448,000
4	丸の内	20,140,000	22,051,000	20,140,000
5	品川	12,050,000	11,054,000	12,900,000
6	自由が丘	8,725,000	10,870,000	9,840,000
7	恵比寿	8,634,000	12,344,000	13,926,000
8	青山	12,973,000	13,081,000	13,277,000
9	合計	=SUM(B3:B8)		
10	平均			
11	最大			

④次の【実習】で同じブックを使用します。ブックを上書き保存して閉じます。

AVERAGE関数

「AVERAGE」関数は指定したセル範囲の平均を求める関数です。書式は次のとおりです。

【実習】「1Q店舗別売上4.xlsx」のセルB10に、AVERAGE関数を使用して1月の平均売上を求めます。

①「1Q店舗別売上4.xlsx」を開き、セルB10を選択します。

	A	B	C	D
1	1Q店舗別売上			
2	店舗名	1月	2月	3月
3	銀座	18,750,000	21,130,000	21,448,000
4	丸の内	20,140,000	22,051,000	20,140,000
5	品川	12,050,000	11,054,000	12,900,000
6	自由が丘	8,725,000	10,870,000	9,840,000
7	恵比寿	8,634,000	12,344,000	13,926,000
8	青山	12,973,000	13,081,000	13,277,000
9	合計	81,272,000		
10	平均			
11	最大			
12	最小			
13				

②[ホーム] タブの [編集] グループにある [ΣオートSUM] の▼をクリックし、メニューから [平均] を選択します。

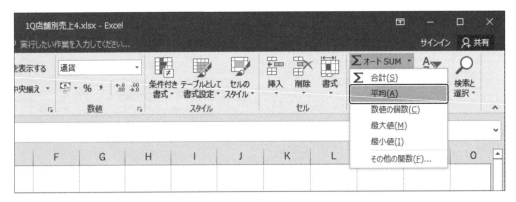

③セルB10に「=AVERAGE(B3:B9)」の数式が表示されたら、セル範囲B3:B8をドラッグして選択し直します。

	A	B	C	D
	B3		fx	=AVERAGE(B3:B8)

	A	B	C	D
1	1Q店舗別売上			
2	店舗名	1月	2月	3月
3	銀座	18,750,000	21,130,000	21,448,000
4	丸の内	20,140,000	22,051,000	20,140,000
5	品川	12,050,000	11,054,000	12,900,000
6	自由が丘	8,725,000	10,870,000	9,840,000
7	恵比寿	8,634,000	12,344,000	13,926,000
8	青山	12,973,000	13,081,000	13,277,000
9	合計	81,272,000		
10	平均	=AVERAGE(B3:B8)		
11	最大	AVERAGE(数値1, [数値2], ...)		
12	最小			

セル範囲B3:B8を、ドラッグして範囲選択し直す

④[Enter]キーを押して、セルB10に平均を表示します。

	A	B	C	D
	B10		fx	=AVERAGE(B3:B8)

	A	B	C	D
1	1Q店舗別売上			
2	店舗名	1月	2月	3月
3	銀座	18,750,000	21,130,000	21,448,000
4	丸の内	20,140,000	22,051,000	20,140,000
5	品川	12,050,000	11,054,000	12,900,000
6	自由が丘	8,725,000	10,870,000	9,840,000
7	恵比寿	8,634,000	12,344,000	13,926,000
8	青山	12,973,000	13,081,000	13,277,000
9	合計	81,272,000		
10	平均	13,545,333		
11	最大			

⑤次の【実習】で同じブックを使用します。ブックを上書き保存して閉じます。

Excelは、数式（関数）を挿入すると計算対象の範囲を自動的に認識します。この実習に使用した表の場合、数式を入力したセルB10の上部にあるデータ範囲を認識します。そのため合計を算出したセルB9を除く必要があり、セル範囲をB3:B8に選択し直しています。

ドラッグによるセルの範囲選択が難しい場合は、いったん「=AVERAGE(B3:B9)」で数式を確定し、引数の範囲を「B3:B8」に書き換えると良いでしょう。

MAX関数

「MAX」関数は指定したセル範囲の最大値を求める関数です。書式は次のとおりです。

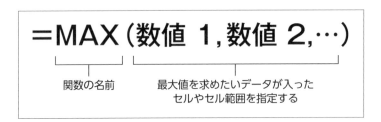

【実習】「1Q店舗別売上4.xlsx」のセルB11に、MAX関数を使用して1月の最大売上を求めます。

①「1Q店舗別売上4.xlsx」を開き、セルB11を選択します。

	A	B	C	D
1	1Q店舗別売上			
2	店舗名	1月	2月	3月
3	銀座	18,750,000	21,130,000	21,448,000
4	丸の内	20,140,000	22,051,000	20,140,000
5	品川	12,050,000	11,054,000	12,900,000
6	自由が丘	8,725,000	10,870,000	9,840,000
7	恵比寿	8,634,000	12,344,000	13,926,000
8	青山	12,973,000	13,081,000	13,277,000
9	合計	81,272,000		
10	平均	13,545,333		
11	最大			
12	最小			
13				

②［ホーム］タブの［編集］グループにある［ΣオートSUM］の▼をクリックし、メニューから［最大値］を選択します。

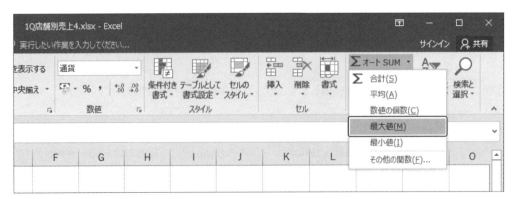

③セルB11に「=MAX(B3:B10)」の数式が表示されたら、セル範囲B3:B8をドラッグして選択し直します。

	A	B	C	D	E	F	G
1	1Q店舗別売上						
2	店舗名	1月	2月	3月			
3	銀座	18,750,000	21,130,000	21,448,000			
4	丸の内	20,140,000	22,051,000	20,140,000			
5	品川	12,050,000	11,054,000	12,900,000			
6	自由が丘	8,725,000	10,870,000	9,840,000			
7	恵比寿	8,634,000	12,344,000	13,926,000			
8	青山	12,973,000	13,081,000	13,277,000			
9	合計	81,272,000					
10	平均	13,545,333					
11	最大	=MAX(B3:B8)					
12	最小	MAX(数値1, [数値2], ...)					
13							

セル範囲B3:B8を、ドラッグして範囲選択し直す

④[Enter]キーを押して、セルB11に最大値を表示します。

	A	B	C	D	E	F	G
1	1Q店舗別売上						
2	店舗名	1月	2月	3月			
3	銀座	18,750,000	21,130,000	21,448,000			
4	丸の内	20,140,000	22,051,000	20,140,000			
5	品川	12,050,000	11,054,000	12,900,000			
6	自由が丘	8,725,000	10,870,000	9,840,000			
7	恵比寿	8,634,000	12,344,000	13,926,000			
8	青山	12,973,000	13,081,000	13,277,000			
9	合計	81,272,000					
10	平均	13,545,333					
11	最大	20,140,000					
12	最小						
13							

⑤次の【実習】で同じブックを使用します。ブックを上書き保存して閉じます。

MIN関数

「MIN」関数は指定したセル範囲の最小値を求める関数です。書式は次のとおりです。

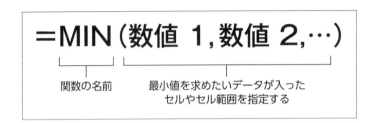

【実習】「1Q店舗別売上4.xlsx」のセルB12に、MIN関数を使用して1月の最小売上を求めます。

①「1Q店舗別売上4.xlsx」を開き、セルB12をクリックします。

	A	B	C	D
1	1Q店舗別売上			
2	店舗名	1月	2月	3月
3	銀座	18,750,000	21,130,000	21,448,000
4	丸の内	20,140,000	22,051,000	20,140,000
5	品川	12,050,000	11,054,000	12,900,000
6	自由が丘	8,725,000	10,870,000	9,840,000
7	恵比寿	8,634,000	12,344,000	13,926,000
8	青山	12,973,000	13,081,000	13,277,000
9	合計	81,272,000		
10	平均	13,545,333		
11	最大	20,140,000		
12	最小			
13				

②[ホーム]タブの[編集]グループにある[ΣオートSUM]の▼をクリックし、メニューから[最小値]を選択します。

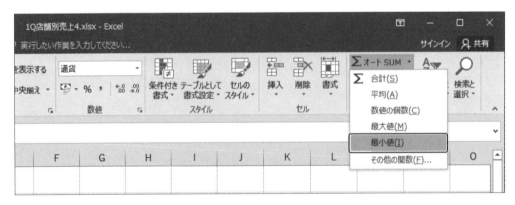

③セルB12に「=MIN(B3:B11)」の数式が表示されたら、セル範囲B3:B8をドラッグして選択し
直します。

	A	B	C	D	E	F	G
1	1Q店舗別売上						
2	店舗名	1月	2月	3月			
3	銀座	18,750,000	21,130,000	21,448,000			
4	丸の内	20,140,000	22,051,000	20,140,000			
5	品川	12,050,000	11,054,000	12,900,000	セル範囲B3:B8を、ドラッグして範囲選択し直す		
6	自由が丘	8,725,000	10,870,000	9,840,000			
7	恵比寿	8,634,000	12,344,000	13,926,000			
8	青山	12,973,000	13,081,000	13,277,000			
9	合計	81,272,000					
10	平均	13,545,333					
11	最大	20,140,000					
12	最小	=MIN(**B3:B8**)					
13		MIN(**数値1**, [数値2], ...)					
14							

④[Enter] キーを押して、セルB12に最小値を表示します。

B12 　　　▼ 　⋮ 　　✕ 　✓ 　*fx* 　　=MIN(B3:B8)

	A	B	C	D	E	F	G
1	1Q店舗別売上						
2	店舗名	1月	2月	3月			
3	銀座	18,750,000	21,130,000	21,448,000			
4	丸の内	20,140,000	22,051,000	20,140,000			
5	品川	12,050,000	11,054,000	12,900,000			
6	自由が丘	8,725,000	10,870,000	9,840,000			
7	恵比寿	8,634,000	12,344,000	13,926,000			
8	青山	12,973,000	13,081,000	13,277,000			
9	合計	81,272,000					
10	平均	13,545,333					
11	最大	20,140,000					
12	最小	8,634,000					
13							
14							

⑤上書き保存してブックを閉じます。

COUNT関数

「COUNT」関数は指定したセル範囲に含まれる数値の個数を求める関数です。書式は次のとおりです。

数値だけでなく文字列も含めたすべてのデータの個数を求めるには「COUNTA」関数を使用します。
また、範囲内の空白セルの個数を求めるには「COUNTBLANK」関数を使います。

3-4 グラフ

Excelにはさまざまな種類のグラフが用意されており、目的に合ったグラフを簡単に作成できます。数字だけではわからないデータ間の比較、割合、傾向などを視覚的に表します。

3-4-1 グラフの作成・編集

Excelではデータを入力したセル範囲をもとに、簡単にグラフを作成、編集する機能が備わっています。ここでは、グラフの作成と編集の操作について学習します。

グラフの種類

グラフを作成するには表のデータを使用しますが、正しくデータ範囲を選んで、データを視覚化するために適切なグラフの種類を選択することが大切です。何も考えずにデータをグラフ化しても、意味のないグラフになる可能性があるので注意しましょう。

たとえば、1月から3月の売上の伸び率を示すグラフを作成するなら、円グラフではなく、棒グラフや折れ線グラフを使用します。円グラフは全体に対する割合を視覚化するときに使用するグラフです。表のデータをグラフで視覚化するときの目的を見極めながら、グラフを作成するようにしましょう。

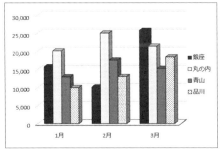

データの大小や推移を表す

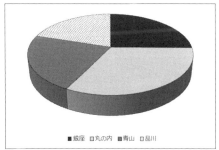

データ全体に対する割合、構成比を表す

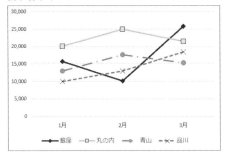

時間の経過に伴うデータの傾向や推移を表す

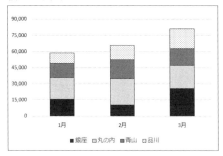

データの全体量とデータ内の各要素の比率を表す

グラフの作成

グラフを作成するには、データ範囲を選択して［挿入］タブの［グラフ］グループから目的のグラフを選択します。Excelの既定では、作成したグラフはデータのあるワークシートに挿入されます。

選択するセル範囲は、グラフを構成する数値だけでなく、グラフの内容を示す見出しやグループにあたる部分も含めて選択するようにします。

たとえば次の実習において、セル範囲B4からE6だけを選択してグラフを作成すると、同様の見た目のグラフは作成できますが、何のグラフになっているのかが分からない状況になってしまいます。

【実習】「エリア別来場者数3.xlsx」のデータを使用して、3-D積み上げ縦棒グラフを作成します。作成したグラフに［スタイル6］のグラフスタイルを適用します。

①「エリア別来場者数3.xlsx」を開き、セル範囲A3:E6を選択します。

	A	B	C	D	E
1	エリア別来場者数				
2					
3		東エリア	西エリア	北エリア	南エリア
4	6月	1,020,000	1,100,000	720,000	800,000
5	7月	1,450,000	1,230,000	810,000	900,000
6	8月	1,020,000	650,000	700,000	890,000

②［挿入］タブの［グラフ］グループで、［縦棒/横棒グラフの挿入］をクリックします。
③サムネイルから［3-D積み上げ縦棒］をクリックします。
※サムネイルをポイントするとポップアップでグラフ名が表示されます。

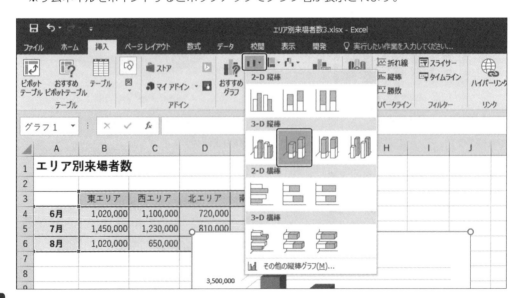

④グラフが作成されたら、[グラフツール] の [デザイン] タブの [グラフスタイル] グループにあるサムネイルから [スタイル6] (グラフエリアが黒いデザイン) をクリックします。
※サムネイルをポイントするとポップアップでスタイル名が表示されます。

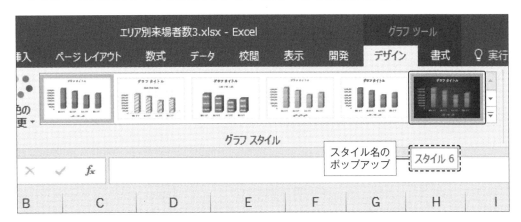

⑤各エリアの6月から8月の来場者数を積み上げたグラフが作成されたことを確認します。

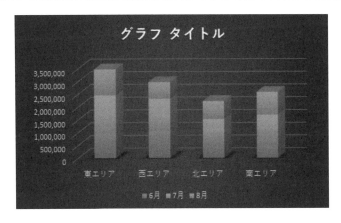

⑥次の【実習】でこのブックを使用します。上書き保存してブックを閉じます。

グラフの編集

グラフを構成する複数の要素には、色をはじめ、さまざまなスタイルや書式を設定できます。

グラフ要素の編集やグラフのデザイン（スタイルや書式）は、作成したグラフを選択すると表示される［グラフツール］の各タブで設定します。

［デザイン］タブ

グラフの種類、データの選択、グラフ要素の設定、レイアウトやスタイルなどを設定するタブです。

［書式］タブ

グラフの各要素に対して、より細かい書式やレイアウトを設定するタブです。

グラフ要素

グラフは次の図のように複数の要素で構成されています。各要素の設定は、要素を選択するとグラフの右上に表示される［＋］からグラフ要素の吹き出しメニューを用いるか、グラフツールの［デザイン］タブの［グラフのレイアウト］グループにある［グラフ要素の追加］から行います。

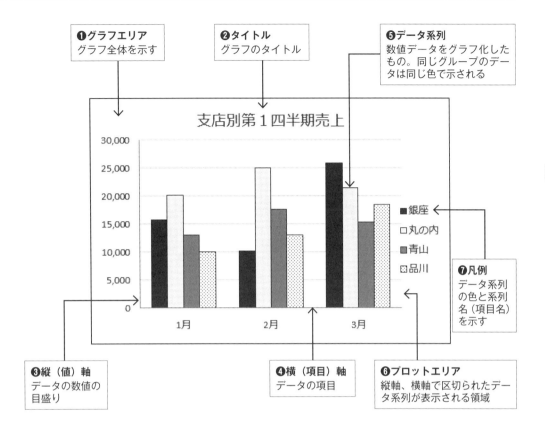

【実習】「エリア別来場者数3.xlsx」にあるグラフにグラフのタイトル『来場者数の推移』を設定します。

①「エリア別来場者数3.xlsx」を開き、グラフタイトルと表示されているテキストボックスを選択します。

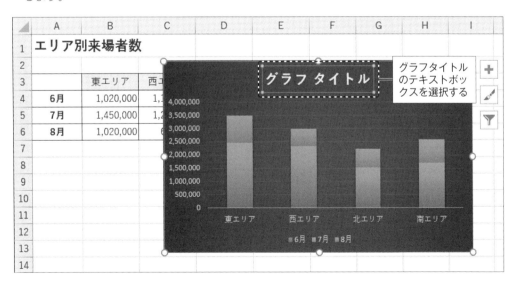

②テキストボックスの中をクリックして、編集状態にします。
③「グラフタイトル」の文字列を選択、または削除したら『来場者数の推移』と入力します。
　※グラフタイトルのテキストボックスを選択したら、数式バーに直接『来場者数の推移』を入力し、[Enter] キーを押しても同じ結果が得られます。

【実習】「地区別世帯収入.xlsx」のグラフに凡例を表示します。凡例はグラフの下側に設定します。次に各棒グラフの内側にデータラベルを表示します。

①「地区別世帯収入.xlsx」を開き、グラフを選択します。
②グラフの右側に表示される [＋] をクリックして、グラフ要素の吹き出しメニューを表示します。

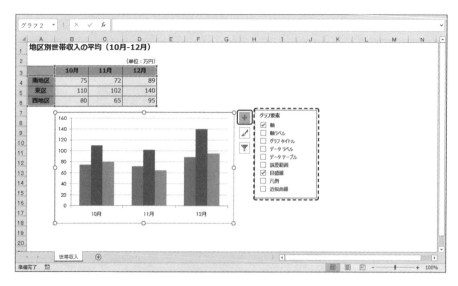

③[凡例]をポイントし、▶をクリックしてサブメニューを表示したら、[下]をクリックします。
　※グラフの下側に凡例が表示されます。

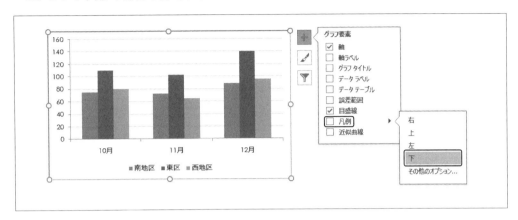

④再度[+]をクリックし、グラフ要素の吹き出しメニューを表示します。
⑤[データラベル]をポイントし、▶をクリックしてサブメニューを表示したら、[内側]をクリックします。
　※データラベルが縦棒グラフの内側に表示されます。

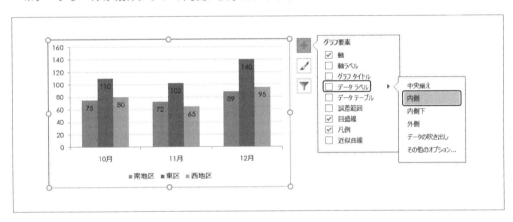

3-5 テーブル

Excelには「テーブル」という機能があります。表を「テーブル」に変換すると、ほかのデータとは独立した特別なデータ範囲としてデータを管理できます。

3-5-1 テーブルの作成

テーブル機能には、テーブルスタイルが用意されており、簡単に表の書式設定が行え、フィルター機能も自動的に有効になります。また、集計行を追加することもできます。

表をテーブルに変換するには、[挿入] タブの [テーブル] グループにある [テーブル] をクリックするか、[ホーム] タブの [スタイル] グループにある [テーブルとして書式設定] から任意のテーブルスタイルをクリックして、テーブルにするセル範囲を指定します。

なお、[挿入] から操作した場合は、テーブルに変換時は既定のスタイルとなるため、[テーブルツール] の [デザイン] タブでテーブルスタイルを変更します。

【実習】「出荷表4.xlsx」で、セル範囲A4:J34をテーブルに設定します。先頭行は見出しとして設定し、テーブルスタイルは任意のスタイルを選択します。

①「出荷表4.xlsx」を開き、セル範囲A4:J34にあるいずれかのセルを選択します。
　※実習ではセルA4を選択した状態にしています。

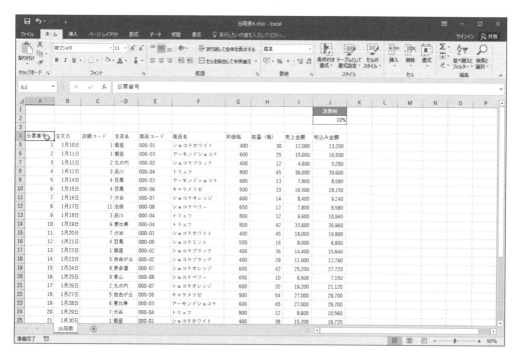

②[ホーム]タブの[スタイル]グループにある[テーブルとして書式設定]をクリックし、スタイルの一覧から任意のスタイルを選択します。

　※実習では[テーブルスタイル、淡色(10)]を選択しています。スタイルをポイントすると、ポップアップでスタイル名が表示されます。

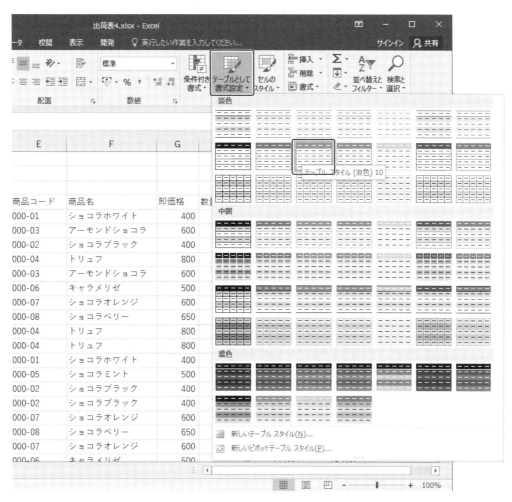

③[テーブルとして書式設定]ダイアログボックスが表示されたら、テーブルに変換する範囲がA4:J34と自動認識されていること、[先頭行をテーブルの見出しとして使用する]にチェックが入っていることを確認して、[OK]をクリックします。

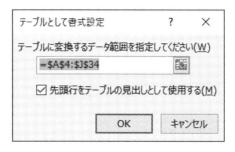

④セル範囲A4:J34の範囲がテーブルとして設定されたことを確認します。

	A	B	C	D	E	F	G	H	I	J
4	伝票番号	注文日	店舗コード	支店名	商品コード	商品名	卸価格	数量（箱）	売上金額	税込み金額
5	1	1月10日	1	銀座	000-01	ショコラホワイト	400	30	12,000	13,200
6	2	1月11日	1	銀座	000-03	アーモンドショコラ	600	25	15,000	16,500
7	3	1月11日	2	丸の内	000-02	ショコラブラック	400	12	4,800	5,280
8	4	1月11日	3	品川	000-04	トリュフ	800	45	36,000	39,600
9	5	1月14日	4	目黒	000-03	アーモンドショコラ	600	13	7,800	8,580
10	6	1月15日	4	目黒	000-06	キャラメリゼ	500	33	16,500	18,150
11	7	1月16日	7	渋谷	000-07	ショコラオレンジ	600	14	8,400	9,240
12	8	1月17日	11	池袋	000-08	ショコラベリー	650	12	7,800	8,580
13	9	1月18日	3	品川	000-04	トリュフ	800	12	9,600	10,560
14	10	1月19日	6	恵比寿	000-04	トリュフ	800	42	33,600	36,960

【実習】では、表内のセルを1つ選択してテーブルに変換しましたが、次のような場合はセル範囲を選択するようにしましょう。

- シート内に複数の表がある
- 表外の隣接するセルにデータが入力されている
- 表の一部分をテーブルにする

3-5-2　テーブルを利用し操作する

テーブルに変換した表は、［テーブルツール］の［デザイン］タブからテーブル特有のさまざまな機能を利用しデータを活用できます。

テーブルツールの［デザイン］タブ

テーブルスタイル

テーブルスタイルを用いると、簡単にテーブル全体のデザインを変更することができます。また、テーブルスタイルのオプションを組み合わせることで、タイトル行（先頭行）や集計行（最終行）、最初の列と最後の列をほかの行列とは異なる書式に変更して目立つようにしたり、データ部分に行または列の縞模様を設定したりできます。

テーブルの解除

　一度作成したテーブルを元のセル範囲に戻すには、[デザイン] タブの [ツール] グループにある [範囲に変換] を利用します。

　なお、範囲に変換した場合も、テーブルを作成した時点の行の高さや列の幅などの書式はそのまま維持されます。

　最終的に通常のセル範囲として利用する場合も、一度テーブルに変換してスタイルを設定したあと、範囲に変換をすることで、効率的に表のデザインをすることができるので便利です。

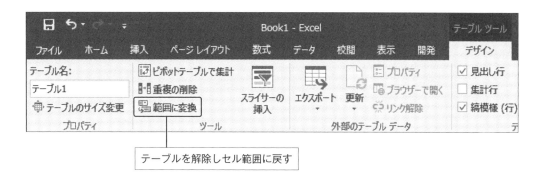

テーブル名

　テーブルには「テーブル名」と呼ばれる名前を付けることができます。テーブル名を付けることで、テーブル名やテーブルのフィールド名（列名）を数式や関数の中で使用できます。

　データ数や項目名が多いテーブルの場合は範囲選択が簡単にできるため便利です。

3-6 保存

Excelで文書を保存するには、[ファイル] タブの [名前を付けて保存] または [上書き保存] を利用します。ここでは、[名前を付けて保存] を用いて、ファイル形式を変更して保存する方法について学習します。

3-6-1 互換性のあるファイル形式

[名前を付けて保存] では、Excelが扱うことができるさまざまなファイル形式を選択することができます。

ファイル形式を変更して保存する場合は、[名前を付けて保存] ダイアログボックスで「ファイルの種類」から変更するか、[ファイル] タブの [エクスポート] から [ファイルの種類の変更] を選択して、ファイルの種類を選ぶ方法があります。

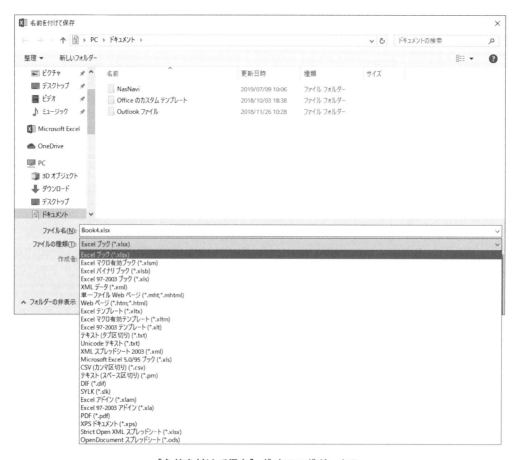

[名前を付けて保存] ダイアログボックス

[ファイル]タブ＞[エクスポート]＞[ファイルの種類の変更]

Excelと互換性があり、編集可能なファイルの種類

Excelで編集が可能な代表的なファイル形式は次のとおりです。

ファイルの種類	拡張子	説明
Excelブック	xlsx	Excelの既定のファイル形式
Excel 97-2003ブック	xls	バージョン2003以前のアプリケーションでも、変換ツールを必要とせずに通常通り開けるファイルとして保存する。新しいバージョンの機能で作成した箇所は失われる場合がある。
Excel テンプレート	xltx	作成したファイルをテンプレートとして保存する。
Excel マクロ有効ブック	xlsm	マクロを使用できるファイルとして保存する。
CSV（カンマ区切り）	csv	データをカンマ(,)で区切ったファイル形式。実態はテキストファイルで、表計算ソフトやデータベースソフト、住所録ソフトなどで開くことができる。異なるアプリケーション間でデータのやり取りに利用される。
テキスト（スペース区切り）	txt	テキスト形式とも呼ばれ、書式のない文字のみ（プレーンテキスト）を保存する。
PDF	pdf	作成したファイルをPDF形式で保存する。Adobe ReaderやWebブラウザーなどで開くことができる。

マクロ有効ブック (xlsm)

マクロとは、事前に登録しておいた連続する処理を一度に実行する機能です。毎日繰り返す処理などを登録しておくと便利な機能です。マクロはExcelだけでなくWord、PowerPointなどにも搭載されている機能です。

しかし、マクロを実行するとユーザーが途中で止めることができない点、マクロが登録してあるファイル以外のほかのファイルへの操作が可能な点から、マクロを悪用するケースもあります。このようなオフィスファイルを開いた瞬間にマクロを実行する攻撃を「マクロウイルス」と呼びます。

マクロウイルスの流行にともない、現在、通常のExcelブック形式（xlsx）では、保存時にマクロが保存できないようになっています。もしマクロを含んだまま保存する場合は、マクロ有効ブック形式（xlsm）で保存する必要があるので注意が必要です。

マクロ有効ブックは、ファイルを開いた際にマクロが一時的に無効になります。保存されているマクロが信用できる場合のみ、有効にするようにしましょう。

データのインポートとエクスポート

Excelは表形式でデータを扱う特徴から、データベースとのデータのやり取りに利用されることが多くなります。

ほかのアプリケーション用にデータを取り出して保存することを「エクスポート」、ほかのアプリケーションで保存したデータを取り込むことを「インポート」と呼びます。データベースとのやりとりにおいて、Excelのエクスポートとインポートは一般的にテキスト形式（txt（タブ区切り）、csv）を利用します。

たとえば、顧客データベースで管理されている連絡先情報の一部をExcelにインポートして利用するケースや、Excelからエクスポートしたデータをデータベースに取り込んで利用するケースなどがあります。

プレゼンテーションソフト

　プレゼンテーションソフトは、伝えたいことを簡潔にまとめ、視覚的に情報を伝達するのに適したアプリケーションです。主に会議や研究発表などの資料を作成するために使用します。ここでは、Microsoft 社の「PowerPoint」を使用して、プレゼンテーションソフトの操作について学習します。

4-1 プレゼンテーションソフトの基本

プレゼンテーションソフトは、プレゼンテーションで利用するスライドを作成するソフトウェアです。効果的なプレゼンをするために、スライドにアニメーションを加えたり、発表資料をまとめて印刷したりする機能などが備わっています。

4-1-1 プレゼンテーションソフトの構成

代表的なプレゼンテーションソフト「Microsoft Office PowerPoint」は、プレゼンテーションに使用する各ページがスライド形式で構成されています。スライドの編集とスライドのサムネイルを確認できる「標準」の表示形式を中心に、さまざまな表示形式や機能が用意されています。

画面構成

一般的にスライドの作成や編集作業は「標準」の表示形式で行います。PowerPointを起動すると「標準表示」モードで次のような画面が表示されます。基本画面の構成や各部の名称を覚えましょう。

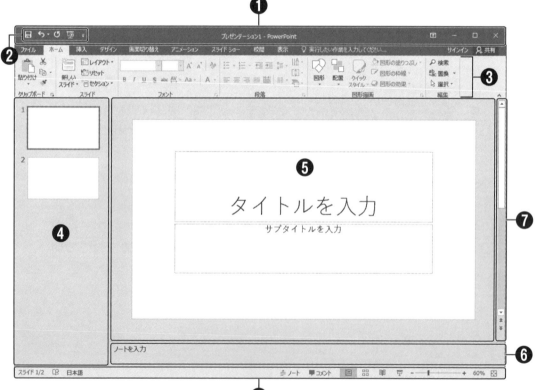

❶タイトルバー
アプリケーション名、編集中のファイル名、クイックアクセスツールバーが表示されます。

❷クイックアクセスツールバー
［上書き保存］［元に戻す］［先頭から開始］など、頻繁に使用するコマンドボタンを配置できるツールバーです。クイックアクセスツールバーに表示するコマンドボタンはカスタマイズできます。

❸リボン、タブ
コマンドボタンが配置された領域です。アプリケーションウィンドウのサイズにあわせて、各リボンに含まれるコマンドがグループ単位にまとめられて表示されます。
［ホーム］、［挿入］、［デザイン］［画面切り替え］…と表示された部分をタブといいます。タブごとに関連性の高いコマンドボタンが配置されているリボンを表示します。

❹スライドのサムネイル
スライドの縮小版であるサムネイルが表示されます。ステータスバーの［標準］ボタンをクリックするとアウトライン表示に切り替わります。

❺スライドペイン
スライドを編集する画面です。

❻ノートペイン
発表者のメモや原稿を入力する領域です。PowerPointの既定ではノートペインは非表示になっています。

❼スクロールバー
画面に表示されていない領域を表示する場合に使用します。

❽ステータスバー
スライド番号、ノートペインの表示／非表示の切り替え、画面の表示選択ショートカット、ズームスライダーなどを表示する領域です。

プレゼンテーションの表示

プレゼンテーションのスライドを編集するために、［標準］表示モードのほかにもさまざまな表示モードがあります。作業に適した表示モードを使って、プレゼンテーションファイルを効率的に作成しましょう。

標準表示

スライド編集時の一般的な表示形式です。画面の左にスライドのサムネイル、画面中央に選択したスライドが表示され、スライドの内容を編集できます。

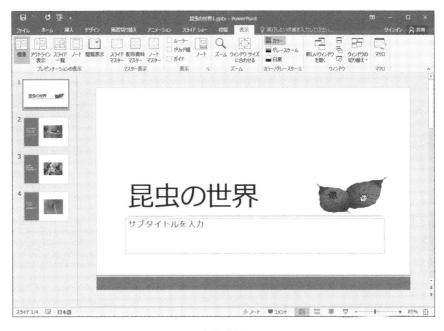

標準表示

アウトライン表示

　スライドのサムネイルの領域に、スライド内の文字列のみを表示します。作成済みの内容を確認しながら文字の入力ミスなどを確認するのに便利です。なお、図形の中に入力された文字列は表示されません。

　アウトライン表示にするには、［表示］タブの［プレゼンテーションの表示］グループにある［アウトライン表示］を選択するか、ステータスバーの表示選択ショートカットにある［標準］ボタンをクリックします。

アウトライン表示

表示選択ショートカット

スライド一覧表示

　「スライド一覧」モードは、スライドをサムネイルで表示します。プレゼンテーションファイルのスライドの枚数が多い場合に、スライドの順序を並べ替えたり、削除したりするのに便利です。
　また、スライド一覧モードでは、セクションでグループ化されたスライドをセクション単位で並べ替えることもできます。

画面の表示をスライド一覧に変更するには、［表示］タブの［プレゼンテーションの表示］グループにある［スライド一覧］を選択するか、ステータスバーの表示選択ショートカットにある［スライド一覧］ボタンをクリックします。

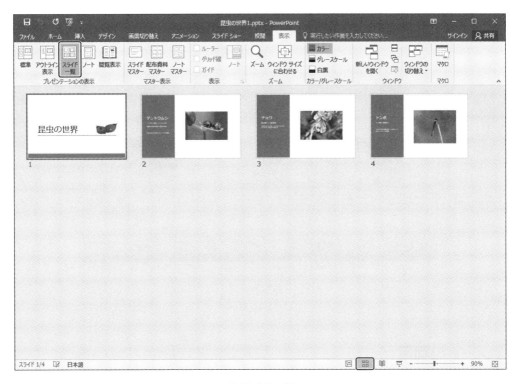

スライド一覧

PowerPointでは、「セクション」という単位で、関連のあるスライドをグループにまとめて管理することができます。セクションを設定すると、セクション単位での並べ替えや印刷などが可能となり、効率的にスライドを操作できます。また、セクションごとに名前を付けたり、スライドのサムネイルをセクションごとに折りたたんで表示したりすることも可能です。

閲覧表示

　「閲覧表示」モードは、作成したスライドを実際の「スライドショー」を実行したときと同様に表示するモードです。スライドがウィンドウいっぱいに表示されるので、プレゼンテーション出席者側の視点で、作成したプレゼンテーションファイルを見ることができます。

　「スライドショー」とは異なり、タイトルバーとステータスバーは表示され、ステータスバーでスライド送りやメニューの表示などが行えます。

表示形式を「閲覧表示」に変更するには、[表示] タブの [プレゼンテーションの表示] グループにある [閲覧表示] を選択するか、ステータスバーの表示選択ショートカットにある [閲覧表示] ボタンをクリックします。

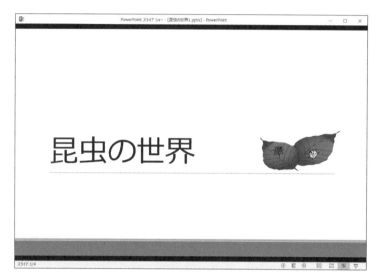

閲覧表示

ノートの利用

ノートは、スライドショーでは表示されない領域で、プレゼンテーションを行うときの原稿や注意書きなどのメモとして利用します。印刷して手元の資料にするほか、「発表者ツール」上に表示することもできます。

「発表者ツール」を用いると、プロジェクターからの投影にはスライドショーを表示し、手元のPCにはノートや次に表示するスライド、または、アニメーションを表示することもできます。

ノートの編集（ノートペインの表示）

標準表示モードの「スライド」ペインの下にある「ノートペイン」に入力したメモや原稿を編集するには、「ノート表示」モードを利用します。ノートの部分がテキストボックスで表示され、文字が入力しやすくなるので、メモや原稿が多い場合はノート表示モードを使用すると効率よく編集できます。

表示形式を「ノート表示」に変更するには、[表示] タブの [プレゼンテーションの表示] グループにある [ノート] を選択します。

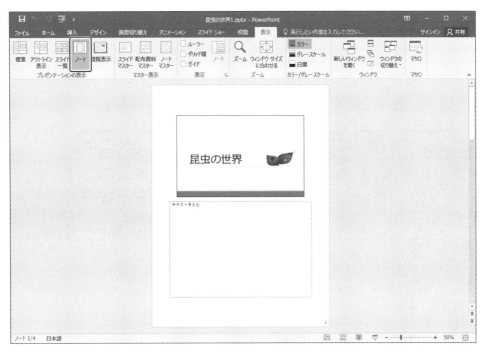

ノート表示

なお、「標準表示」画面にノートペインを表示するには、ステータスバーにある［ノート］をクリックするか、［表示］タブの［表示］グループにある［ノート］をクリックすると、標準表示モードのスライドの下に「ノートペイン」が表示されます。

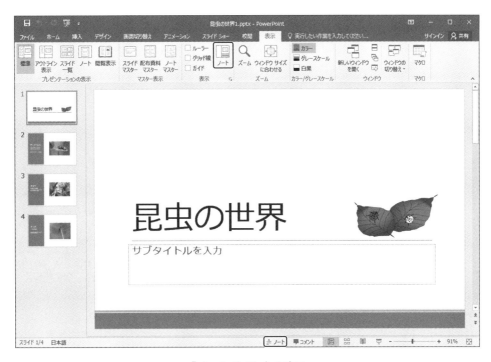

「ノートペイン」の表示

【実習】「会社説明会2.pptx」のノートペインを表示し、スライド4のノートに『選考の流れは、ゆっくり説明すること』を追加します。

①「会社説明会2.pptx」を開き、[表示] タブの [表示] グループにある [ノート] をクリックします。

　　※ステータスバーの [ノート] をクリックしても同じ操作が実行できます。

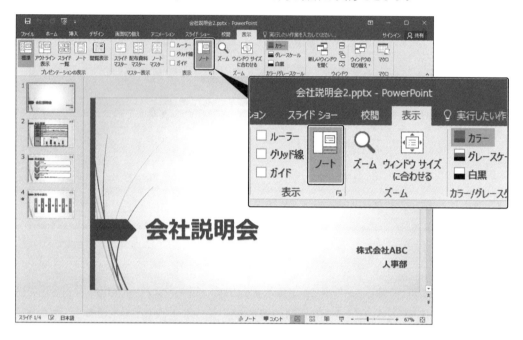

②スライドのサムネイルで、スライド4を選択します。
③ノートペインの「ノートを入力」の領域に、『選考の流れは、ゆっくり説明すること』を入力します。

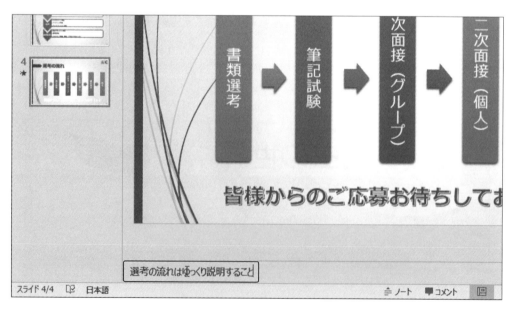

編集補助機能の表示（ルーラー、グリッド線、ガイド）

PowerPointでは、表示モードの切り替えやノートのほかにも、編集を助けるさまざまな表示機能が用意されています。

ルーラー

「ルーラー」とは、スライド上の位置を示す定規のようなものです。スライドの上部には「水平ルーラー」、左側には「垂直ルーラー」があります。それぞれ目盛りが表示されており、オブジェクトの位置を確認することができます。また、水平ルーラーにはインデントマーカーがあり、オブジェクト内の文字の位置を調整できます。

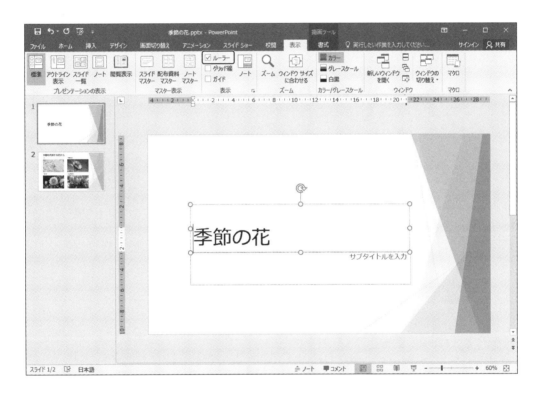

PowerPointの既定ではルーラーは表示されていません。ルーラーを表示するには、［表示］タブの［表示］グループにある［ルーラー］にチェックを入れます。インデントマーカーについては2-3-3を参照してください。

グリッド線

「グリッド線」は、スライドの縦横に等間隔で引かれる線です。グリッド線に合わせて、表示されているオブジェクトの位置を合わせることができます。なお、グリッド線は印刷されません。

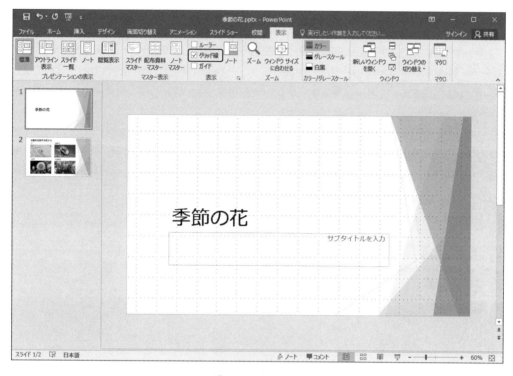

グリッド線の表示

グリッド線を表示するには、[表示] タブの [表示] グループにある [グリッド線] にチェックを入れます。また、オブジェクトをグリッドに合わせるか否かの設定やグリッドの間隔は、[グリッドとガイド] ダイアログボックスで設定できます。[グリッドとガイド] ダイアログボックスを表示するには、[表示] タブの [表示] グループのダイアログボックス起動ツールをクリックします。

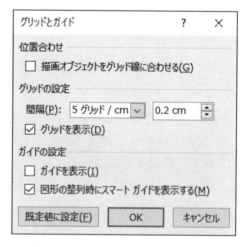

[グリッドとガイド] ダイアログボックス

ガイド

「ガイド」は、スライドの縦横を二分割するように引かれる線で、グリッド線と同様に、オブジェクトのレイアウトを整えるために使用します。特にスライドの中心の位置がわかるため、スライド内のオブジェクトをバランスよく配置できるようになります。

ガイドを表示するには、[表示] タブの [表示] グループにある [ガイド] にチェックを入れます。なお、ガイドもグリッド線と同じく印刷できない線です。

ガイドの表示

4-2 スライド作成

プレゼンテーションファイルは、スライドごとに文字や表、画像などのオブジェクトを配置して作成します。ここでは、スライドの作成、デザイン、メディアファイルの挿入など、基本的なスライドの作成方法について学習します。

4-2-1 スライドの作成と管理

プレゼンテーションファイルは、スライド単位で作成します。スライドの作成と追加について学習します。

スライドの作成

PowerPointを起動すると、[スタート]画面が表示されます。画面の左側には最近使ったファイルが表示され、参照して開くことができます。新しく白紙のプレゼンテーションを作成するには、[新しいプレゼンテーション]をクリックします。

PowerPoint起動時のスタート画面

［スタート］画面では、既にテーマが設定されているテンプレートの中から、プレゼンテーションを選択することもできます。なお、テーマはテンプレートを選択したあとに、［デザイン］タブの［テーマ］から変更できます。

　新規にプレゼンテーションファイルを作成した直後は、プレゼンテーションの表紙にあたる「タイトルスライド」のみが作成されます。

スライドの追加

　プレゼンテーションに新しいスライドを追加するには、［ホーム］タブの［スライド］グループにある［新しいスライド］から行います。レイアウトを指定せずに［新しいスライド］をクリックすると、現在選択中のスライドのうしろに「タイトルとコンテンツ」レイアウトのスライドが挿入されます。［新しいスライド］の▼をクリックすると、レイアウトの一覧が表示され、目的に合ったレイアウトを選択して挿入できます。スライドのレイアウトは、4-2-2で解説します。

【実習】「世界遺産1.pptx」のスライド3とスライド4の間にスライドを追加します。追加した
　　　　スライドのタイトルに文字列『自然遺産』を入力します。

①「世界遺産1.pptx」を開きます。

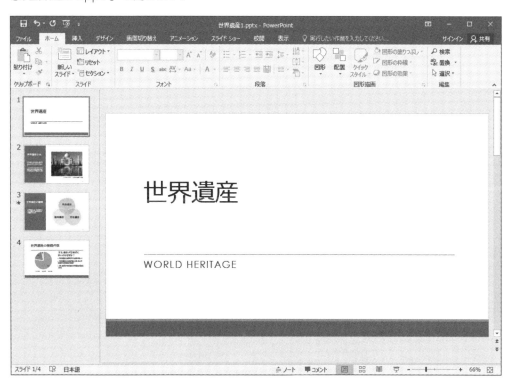

②サムネイルで、スライド3を選択します。

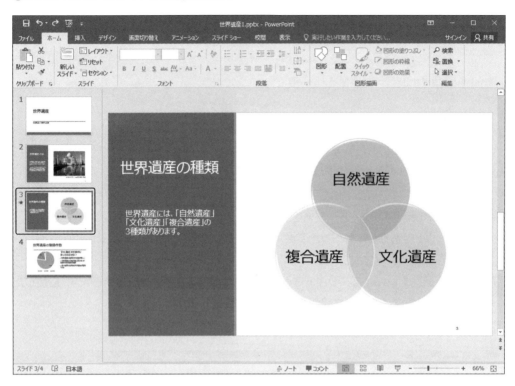

③[ホーム] タブの [スライド] グループで、[新しいスライド] をクリックします。
　※選択したスライドと同じレイアウトのスライドが追加されます。[新しいスライド] の▼をクリックすると、スライドのレイアウトを指定して追加できます。

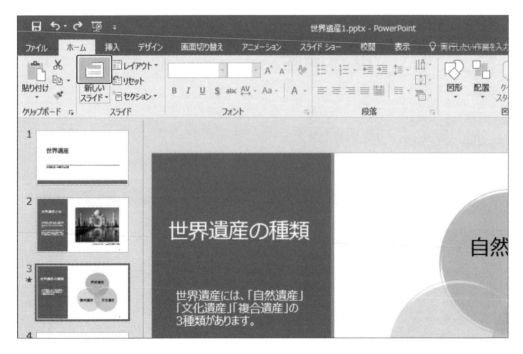

④追加されたスライド4のタイトルに、文字列『自然遺産』を入力します。

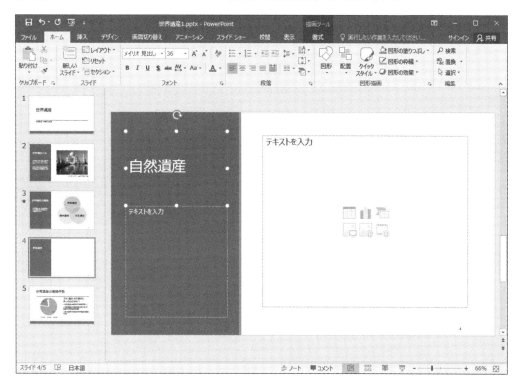

スライドの複製

作成したスライドは複製（コピー）して利用することができます。

スライドの複製は、スライドのサムネイルで複製元となるスライド上を右クリックし、ショートカットメニューから［スライドの複製］を選択します。スライドを複製すると、そのスライドの次に同じスライドが追加されます。

【実習】「新製品ご提案3.pptx」のスライド5を複製します。複製されたスライドのタイトルを『販売を終了する製品』に変更します。次にコンテンツプレースホルダーの箇条書きを削除します。

①「新製品ご提案3.pptx」を開き、サムネイルでスライド5を選択します。

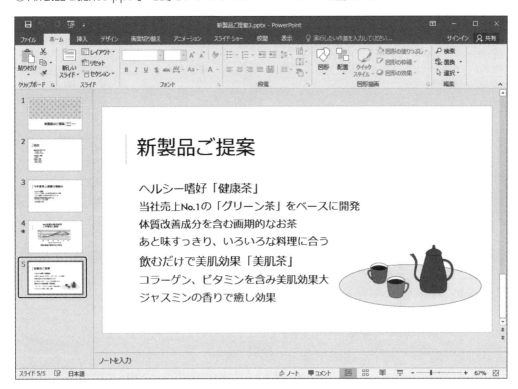

②右クリックし、ショートカットメニューから［スライドの複製］を選択します。

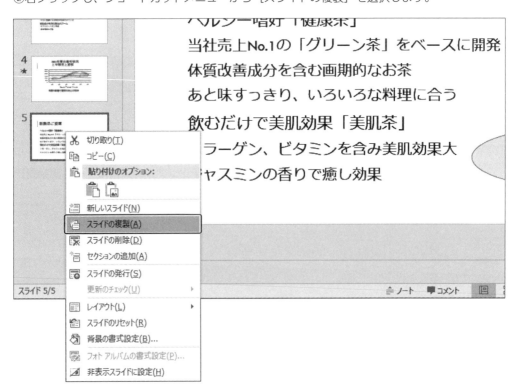

③複製されたスライド6を選択し、タイトルプレースホルダーに『販売を終了する製品』を入力し、コンテンツプレースホルダーの箇条書きを削除します。

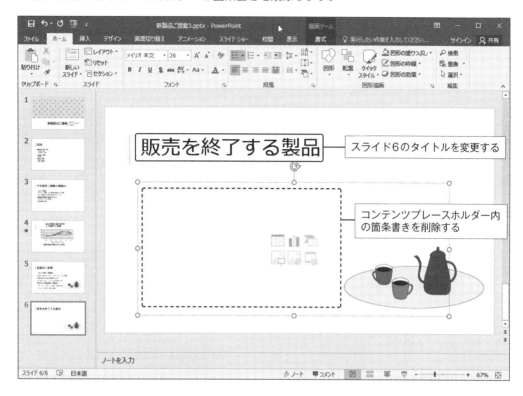

スライドの削除

不要なスライドは削除できます。不要なスライドを削除するには、[スライド] タブでスライドを選択して [Delete] キーを押します。またはスライドのサムネイルで、スライドを右クリックし、ショートカットメニューから [スライドの削除] を選択します。

スライドの順番の変更

スライドの順番は自由に変更できます。スライドのサムネイルで移動するスライドを選択して、任意の位置にドラッグします。スライドの枚数が多いプレゼンテーションファイルの場合は、画面の表示モードを [スライド一覧] に変更するとよいでしょう。スライド一覧表示では、すべてのスライドのサムネイルが表示されるので、スライドの移動や並べ替えが簡単に行えます。

【実習】「提案資料1.pptx」の表示を[スライド一覧]に変更し、スライド7をスライド2と3の間に移動します。

①「提案資料1.pptx」を開き、[表示]タブの[プレゼンテーションの表示]グループにある[スライド一覧]ボタンをクリックします。

※ステータスバーの表示選択ショートカットで[スライド一覧]アイコンをクリックしても、スライド一覧画面に切り替えられます。

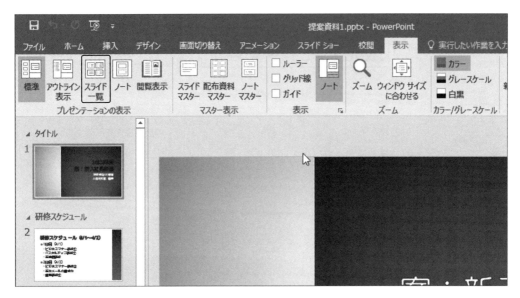

②スライド7を選択し、スライド2とスライド3の間にドラッグして移動します。

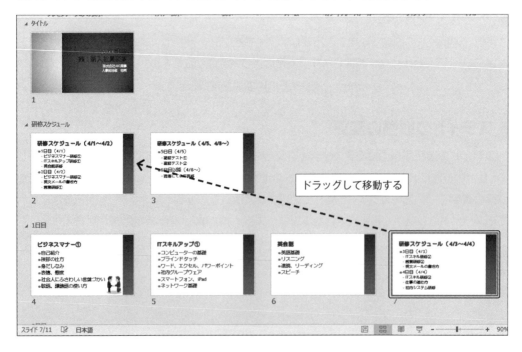

③スライド7が移動したことを確認します。

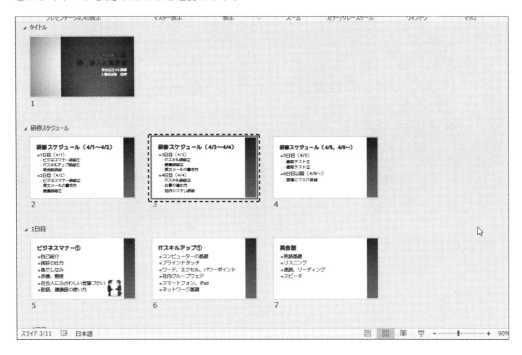

4-2-2　スライドのデザイン

　テーマやレイアウトの設定によって、効率的にデザインを変更でき、より視覚効果の高いプレゼンテーションファイルを作成することができます。ここではスライドのデザイン機能について学びます。

テーマ

　「テーマ」は、Officeアプリケーションに共通した機能です。フォント、配色、効果などがセットになっており、PowerPointにおいて、プレゼンテーションファイルにテーマを適用すると、スライド全体のデザインがまとめて変更され、統一感を持たせることができます。テーマの設定は［デザイン］タブの［テーマ］から行います。

　たとえば、PowerPointファイル「新製品ご提案1.pptx」には［バッジ］のテーマが設定されていますが、［オーガニック］のテーマに変更すると、図のようにプレゼンテーション全体の印象が大きく変わります。

　プレゼンテーションファイルに対して、1つのテーマを設定できますが、テーマをカスタマイズする「バリエーション」で、フォント、配色、背景のデザイン、画像・図や表などのオブジェクトに適用される効果を個別に変更することも可能です。

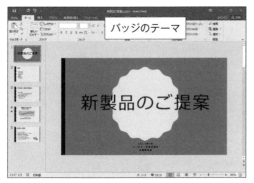

同じプレゼンテーションファイルに別のテーマを設定

背景の書式設定

スライドの「背景」を変更すると、テーマと同じくスライド全体のイメージを大きく変えることができます。

スライドの背景は、単色やグラデーションを用いた塗りつぶしのほか、画像やテクスチャを設定することもできます。

背景の塗りつぶし

背景の塗りつぶしは、[デザイン] タブの [バリエーション] グループの [その他] ボタン（ ）から [背景のスタイル] を選択するか、[ユーザー設定] グループにある [背景の書式設定] から設定します。

[背景のスタイル]は、テーマごとに12種類の背景がプレビューで確認できます。プレビューされた背景を選択すると、すべてのスライドに背景が設定されます。プレゼンテーションファイルにスライドを追加した場合も、背景のスタイルが適用された状態で挿入されます。

　[背景の書式設定]をクリックすると、画面の右側に[背景の書式設定]作業ウィンドウが表示されます。スライドごとに、塗りつぶしの種類（単色、グラデーション、図、テクスチャ、パターンなど）の詳細な設定が可能です。なお、設定した背景をすべてのスライドに適用することもできます。

【実習】「昆虫の世界1.pptx」のすべてのスライドの背景に、[四角]のグラデーションを設定します。グラデーションの方向は[中央から]に設定します。（その他はすべて既定の設定を使用してください。）

①「昆虫の世界1.pptx」を開きます。
②[デザイン]タブの[ユーザー設定]グループにある[背景の書式設定]をクリックします。

③[背景の書式設定]作業ウィンドウが表示されたら、[塗りつぶし（グラデーション）]を選択します。

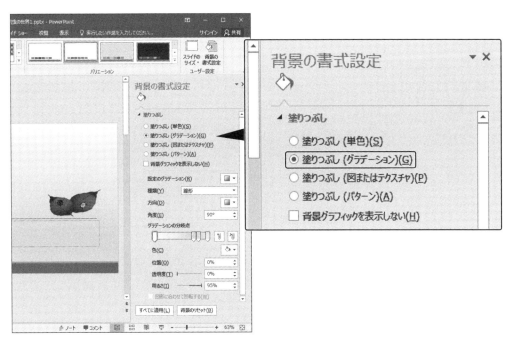

④[種類]の▼をクリックして、一覧から[四角]を選択します。

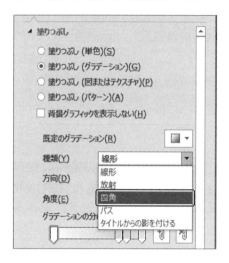

⑤[方向]の▼をクリックして、[中央から]を選択します。
　※方向のデザインをポイントすると、デザイン名がポップアップで表示されます。

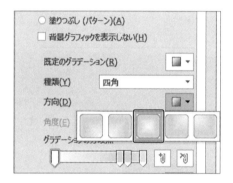

⑥[背景の書式設定]作業ウィンドウの下部にある[すべてに適用]をクリックします。
　※[すべてに適用]をクリックしない場合は、選択しているスライドのみに背景の書式が設定されます。

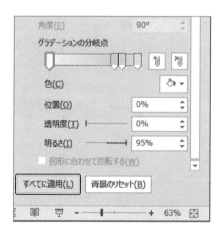

⑦すべてのスライドにグラデーションの背景が設定されたことを確認します。

※［背景の書式設定］作業ウィンドウは閉じておきましょう。

背景に画像を挿入

　背景に画像を挿入するには、［デザイン］タブの［ユーザー設定］グループにある［背景の書式設定］をクリックし［背景の書式設定］作業ウィンドウで設定します。［背景の書式設定］作業ウィンドウで［塗りつぶし（図またはテクスチャ）］を選択し、図の挿入元であらかじめ用意しておいた画像を指定することで、写真やロゴマークなどをスライドの背景として利用できます。

【実習】「春夏秋冬.pptx」のスライド3に背景の書式を設定します。背景には「春背景.jpg」という名前のファイルを挿入し、画像の透明度を50％に設定します。

①「春夏秋冬.pptx」を開き、スライドのサムネイルでスライド3を表示します。

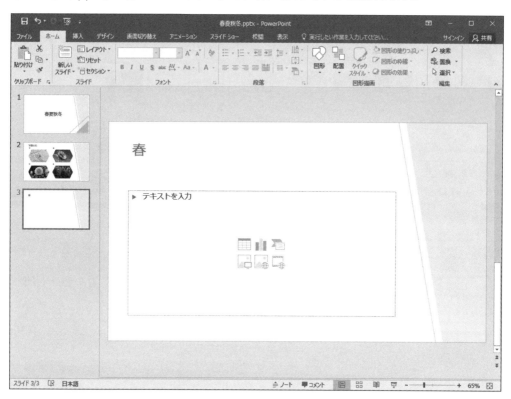

②[デザイン] タブの [ユーザー設定] グループにある [背景の書式設定] をクリックします。

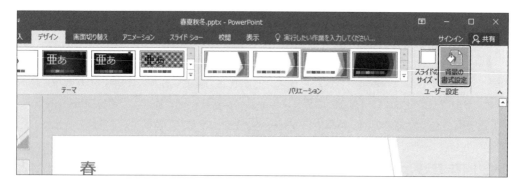

③[背景の書式設定] 作業ウィンドウが表示されたら、[塗りつぶし（図またはテクスチャ）] を選択します。

④図の挿入元の [ファイル] ボタンをクリックします。

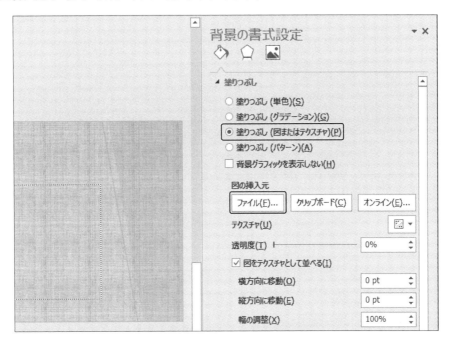

⑤[図の挿入] ダイアログボックスが表示されたら、「C04」フォルダーにある「春背景.jpg」を選択し、[挿入] をクリックします。

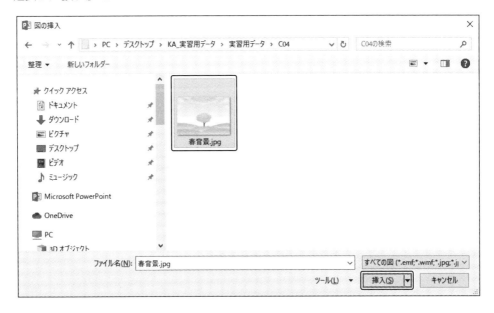

⑥［背景の書式設定］作業ウィンドウの「透明度」の右側にあるボックスに『50』を入力します。
　※スライダーやトグルボタンを使って、設定値を「50％」に変更することも可能です。操作しやすい方法で設定しましょう。

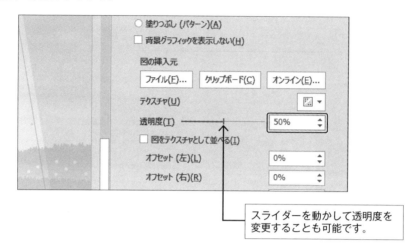

スライダーを動かして透明度を変更することも可能です。

⑦スライド３の背景のみが設定されていることを確認します。
　※［背景の書式設定］作業ウィンドウは閉じておきましょう。

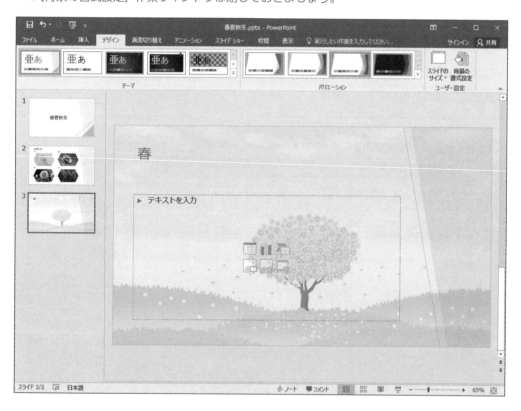

レイアウト

スライドには、文字をはじめ、図、表、グラフなどのオブジェクトなどを挿入するための「プレースホルダー」と呼ばれるレイアウト枠が配置されています。プレースホルダーにはスライドのタイトルを入力するための「タイトルプレースホルダー」、文字列や表、図、グラフ、動画などを挿入する「コンテンツプレースホルダー」があり、これらのプレースホルダーは、自由に位置やサイズを変更することができます。

PowerPointには、組み込みのレイアウトが用意されており、目的に合ったスライドのレイアウトを選択すると、効率よくプレゼンテーションを作成できます。レイアウトを指定して新しいスライドを追加したり、既存のスライドのレイアウトを変更したりできます。

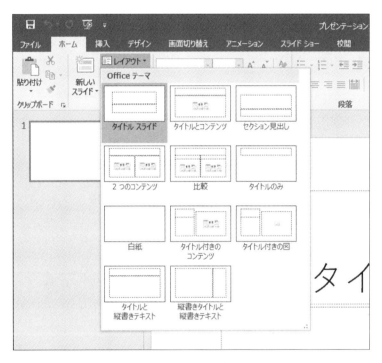

レイアウトのサムネイル

レイアウトを指定してスライドを追加

レイアウトを指定して新しいスライドを追加するには、[ホーム] タブの [スライド] グループにある [新しいスライド] の▼から目的のレイアウトをクリックします。

レイアウトの変更

既存のスライドのレイアウトを変更するには、スライドを選択した状態で、[スライド] グループの [レイアウト] から変更するレイアウトを指定します。または、右クリックメニューの [レイアウト] から変更することもできます。

【実習】「昆虫の世界2.pptx」のスライド2とスライド3のレイアウトを[タイトルとコンテンツ]に変更します。

①「昆虫の世界2.pptx」を開き、スライドのサムネイルでスライド2を選択します。

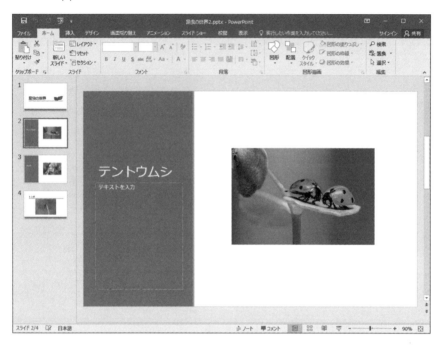

②[ホーム]タブの[スライド]グループにある[レイアウト]をクリックして、レイアウトの一覧から[タイトルとコンテンツ]を選択します。

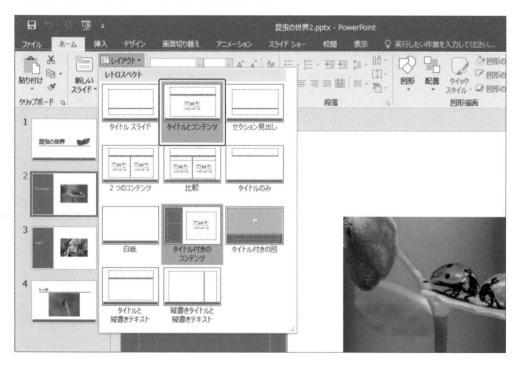

③同様に、スライド3を選択し、[ホーム] タブの [スライド] グループの [レイアウト] をクリックして、[タイトルとコンテンツ] を選択します。

※①の手順で、スライド2と3を同時に選択して、一度の操作でレイアウトを変更することも可能です。

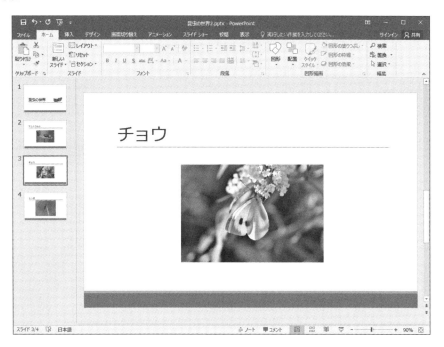

マスター表示

「マスター」は、テーマ、背景、フォント、プレースホルダーのサイズや位置など、プレゼンテーションファイルに共通したスタイルを管理するための機能です。マスターの編集には「マスター表示」モードを利用します。

マスター表示モードは [表示] タブの [マスター表示] グループから選択します。

スライドマスター

「スライドマスター」は、プレゼンテーションの各スライドに共通するデザインやレイアウトを管理するスライドです。スライドマスターを使うと、プレースホルダーのサイズ、位置、背景、フォント、書式などが一括で設定できるため、デザインの設定や変更を効率よく行うことができます。

たとえば、すべてのスライドに会社ロゴを表示する場合、スライドマスターにロゴ画像を挿入すると、すべてのスライドレイアウトにその設定が適用されます。

スライドマスターの配下には関連付けられているスライドレイアウトがあり、個別のレイアウトごとにスライドを管理することも可能です。

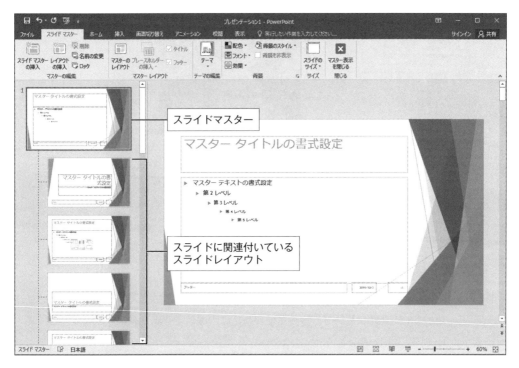

スライドマスター

配布資料マスター

「配布資料マスター」では、スライドを配布資料として印刷したときのレイアウトやヘッダー、フッターの設定を行うことができます。必要に応じて、[配布資料マスター]タブの[ページ設定]グループで、配布資料1ページあたりに表示するスライドの枚数を選択したり、配布資料のページの向きなどを変更したりします。

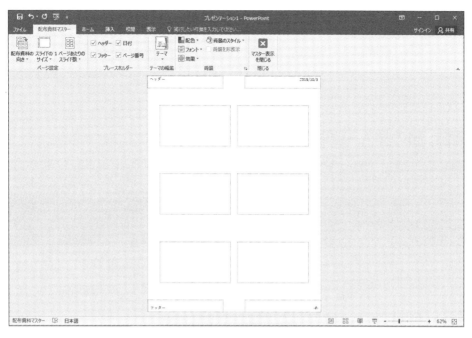

配布資料マスター

ノートマスター

「ノートマスター」は、スライドをノートとともに印刷する際のレイアウトやヘッダー、フッターの設定を行います。

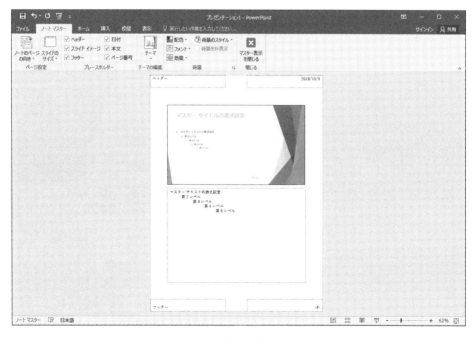

ノートマスター

4-2-3　画像やメディアファイルの挿入、管理

スライドには、画像やSmartArtなどの図表、動画や音声などのメディアファイルを挿入できます。メディアファイルはスライド上で再生でき、プレゼンテーションの発表中に動画や音声を流すことで、臨場感のある情報を伝えることができます。

画像、図の挿入・管理

画像や図の挿入は、ほかのOfficeアプリケーションと同様に、[挿入]タブから行います。

SmartArtの挿入

「SmartArt」とは、文字列やデータなどの情報を、階層構造で示す組織図、リスト、手順、集合関係などのデザインで視覚的に表示する機能です。スライドに挿入したSmartArtには、図形を追加したり、色やスタイルを設定したりできます。

スライドにSmartArtを挿入するには、一般にスライドのコンテンツプレースホルダーにある[SmartArtグラフィックの挿入]アイコンを利用します。スライドにアイコンが表示されていない場合は、[挿入]タブの[図]グループにある[SmartArt]をクリックして挿入します。

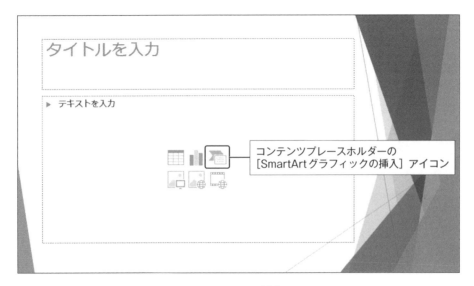

SmartArtの挿入

テキストをSmartArtに変換

PowerPointでは、スライドに入力された箇条書きをSmartArtに変換することができます。SmartArtはOfficeアプリケーションに共通した機能ですが、箇条書きをSmartArtに変換する機能はPowerPointのみにある便利な機能です。

箇条書きを変換するには、コンテンツプレースホルダーに入力された箇条書きを選択したあと、[ホーム] タブの [段落] グループにある [SmartArtに変換] をクリックし、変換するSmartArtを選択します。

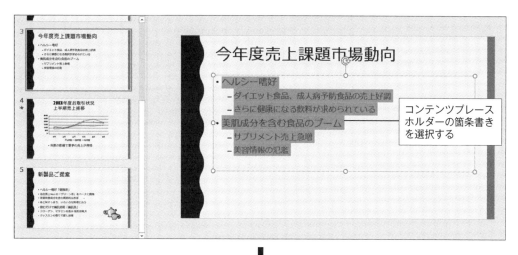

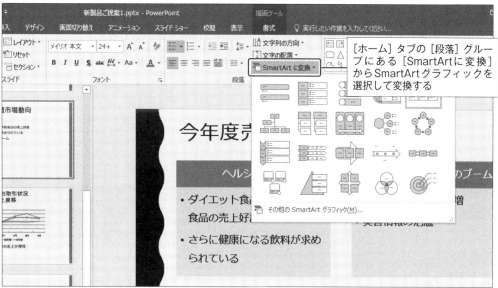

動画の挿入・管理

　動画の挿入は、コンテンツプレースホルダーにある［ビデオの挿入］アイコンを利用するのが手軽です。コンテンツプレースホルダーがないスライドの場合は、［挿入］タブの［メディア］グループにある［ビデオ］から挿入します。

動画の編集

　挿入したビデオオブジェクトを選択すると、リボンに［ビデオツール］が表示されます。［ビデオツール］の［再生］タブの［編集］グループでは、動画の開始時間や終了時間をトリミングしたり、フェードインやフェードアウトの効果を設定したりできます。また、［ビデオのオプション］グループでは、挿入した動画の再生時の状態（音量や再生のタイミングなど）を設定します。

オンラインビデオ

　［挿入］タブの［メディア］グループにある［ビデオ］から［オンラインビデオ］を選択すると、YouTubeなどインターネット上で公開されているビデオを挿入することもできます。ただし、再生時はコンピュータがインターネットにつながっている必要がある点に注意しましょう。

音声の挿入・管理

　音声ファイルは、［挿入］タブの［メディア］グループにある［オーディオ］から挿入します。スライドショー実行中のBGMや効果音として音声を挿入すると演出効果が得られます。

音声の編集

　挿入した音声ファイルのオブジェクトを選択すると、リボンに［オーディオツール］が表示されます。［オーディオツール］の［再生］タブの［編集］グループでは、動画の編集と同様に音声ファイルをトリミングしたり、フェードインやフェードアウトの効果を設定したり簡単な編集ができます。

4-3 アニメーションと画面切り替え

　スライドにアニメーションや画面切り替えを設定することで、より効果的なプレゼンテーションができます。ここではアニメーションや画面切り替えの設定について学びます。

4-3-1 アニメーション

　スライド上にある文字列、画像、図などのオブジェクトに対して、「アニメーション」を設定できます。アニメーションとは、オブジェクトを表示したり非表示にしたりするときのオブジェクトの動き方を設定するもので、スライドショー実行時に再生されます。

　オブジェクトにアニメーションを設定すれば、スライドショーの実行時に強調したいオブジェクトを印象づけたり、流れるように表示したり、演出効果の高いプレゼンテーションを提供することが可能です。ただし、1枚のスライドに多くのアニメーションを設定したり、プレゼンテーションファイル内のすべてのスライドにアニメーションを設定したりすると、強調したいポイントが曖昧になってしまうため、アニメーションを設定する箇所を適切に判断するようにしましょう。

　PowerPointのアニメーションには、オブジェクトを表示するタイミングに合わせて、さまざまな種類のアニメーションが用意されています。また、各アニメーションの動きを細かく設定することもできます。アニメーションの種類は、次のとおりです。

アニメーションの種類	説明
開始	オブジェクトを表示する際に適用する効果
強調	表示されているオブジェクトを強調する際に適用する効果
終了	オブジェクトを非表示にする際に適用する効果
アニメーションの軌跡	指定した軌跡で、オブジェクトを動かす効果

アニメーションの設定と変更

　アニメーションの設定は［アニメーション］タブで行います。対象のオブジェクトを選択し、アニメーションを指定します。1つのオブジェクトに複数のアニメーションを設定することもできます。複数のアニメーションを設定するには、［アニメーションの詳細設定］グループにある［アニメーションの追加］をクリックし、アニメーションを指定します。［プレビュー］グループにある［プレビュー］をクリックすると、設定したアニメーションを再生できます。

【実習】「新製品ご提案1.pptx」のスライド5の箇条書きに、[ワイプ] のアニメーションを設定します。

①「新製品ご提案1.pptx」を開き、スライドのサムネイルでスライド5を選択します。

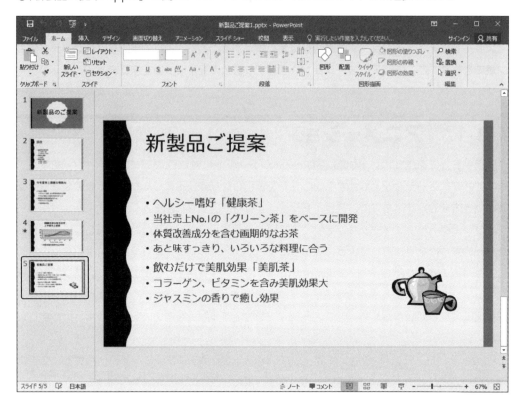

②箇条書きのコンテンツプレースホルダーを選択します。
　※コンテンツプレースホルダー内にカーソルがある状態、または箇条書きの文字列を選択しても同じ操作が行えます。

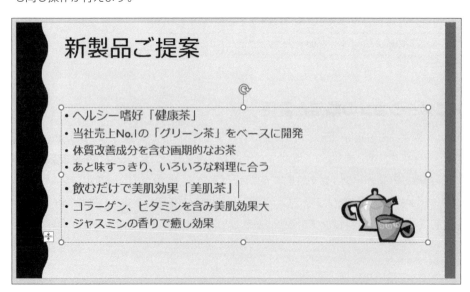

③[アニメーション] タブの [アニメーション] グループにあるアニメーションの一覧から [ワイプ] をクリックします。

※[ワイプ] は開始効果のアニメーションです。

※アニメーションを設定すると、簡易的な再生(プレビュー)が自動的に実行されます。

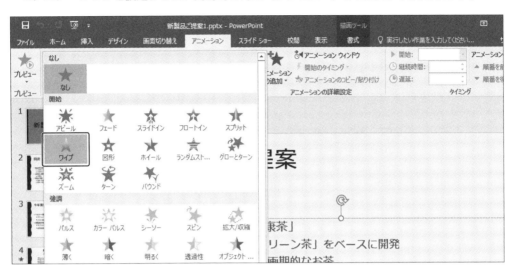

④アニメーションが設定されたことを確認します。

※アニメーションが設定されたプレースホルダーや段落には、再生順を示す番号が付き、スライドのサムネイルの左側には「★」の記号が表示されます。

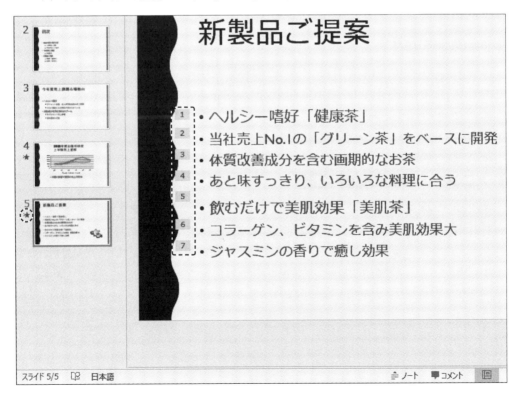

アニメーションの効果のオプション

　オブジェクトに設定した各アニメーションは、再生時の方向やタイミングなどを個別にカスタマイズできます。カスタマイズは［アニメーション］タブの［アニメーション］グループにある［効果のオプション］または、適用したアニメーションの詳細設定を行うダイアログボックスで設定します。詳細設定のダイアログボックスを開くには、［アニメーション］グループのダイアログボックス起動ツールをクリックします。なお、設定したアニメーションによって、ダイアログボックスの内容が異なります。

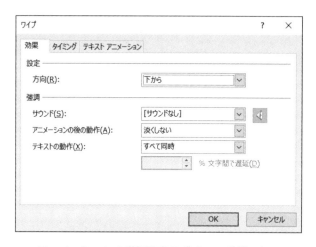

アニメーションの詳細設定のダイアログボックス

開始のタイミング

　スライドショーの実行中にアニメーションを開始するタイミングは、既定では「クリック時」ですが、直前のアニメーションと同時に開始したり、直前のアニメーションから指定した秒数だけ遅れて開始したりできます。設定は［タイミング］グループの［開始］や詳細設定を行うダイアログボックスの［タイミング］タブから行います。

アニメーションの順序変更

　複数のオブジェクトにアニメーションを設定すると、設定した順番にアニメーションが再生されます。スライド上のオブジェクトには、再生順を表す番号が表示されます。次の図のように箇条書きにアニメーションを設定すると、下位レベルの箇条書きは、上位レベルの箇条書きと同時に再生されますが、効果のオプションで設定すれば、1段落ずつ表示させることもできます。

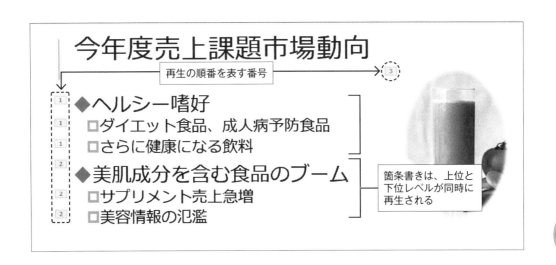

再生順序の変更

　設定したアニメーションの再生順序は「アニメーション ウィンドウ」で変更します。アニメーションウィンドウを表示するには、［アニメーション］タブの［アニメーションの詳細設定］グループにある［アニメーション ウィンドウ］をクリックします。

　アニメーションウィンドウには、設定した順番でアニメーションが一覧表示されます。順番を変更するアニメーションを選択して、［順序の変更］の▲ボタンで前方に、▼ボタンで後方に再生順を変更します。また、コンテンツプレースホルダーに設定しているアニメーションは、［内容を拡大］をクリックすると詳細が展開します。

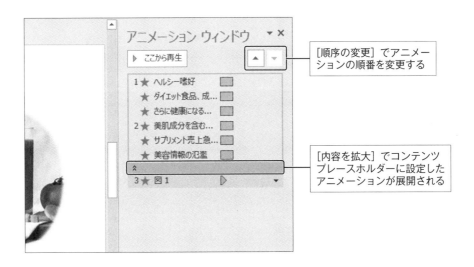

【実習】「世界遺産2.pptx」で、スライド3のアニメーションを次の3つの指示のとおりに設定します。

1. アニメーションの順番を入れ替え、4番目のアニメーションを1番最初に表示されるように順番を変更する。
2. ベン図の各オブジェクトが、左側から表示されるようにする。
3. 最初の図が表示された直後に、自動的に次の各図が連続して表示されるようにタイミングを変更する。

①「世界遺産2.pptx」を開き、スライドのサムネイルでスライド3を選択します。
②[アニメーション] タブをクリックします。
　※[アニメーション] タブをクリックすると、アニメーションの再生順を示す番号が表示されます。

③[アニメーション] タブの [アニメーションの詳細設定] グループにある [アニメーション ウィンドウ] をクリックします。
　※[アニメーション ウィンドウ] を表示しなくても操作できますが、この【実習】では [アニメーション ウィンドウ] を表示した操作を解説します。

④アニメーションウィンドウで、4番目のアニメーションを選択し、[順番を前にする]ボタンを3回クリックし、1番上に移動します。

※アニメーションウィンドウに、SmartArtに設定された3つのアニメーションが表示されていない場合は、[内容を拡大]（∨）をクリックします。

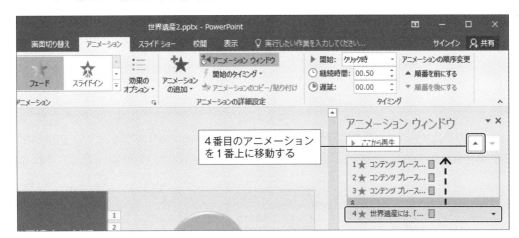

⑤次にアニメーションウィンドウで、2番目のアニメーションを選択し、[Shift]キーを押しながら4番目のアニメーションをクリックして、2番目から4番目のアニメーションを選択します。

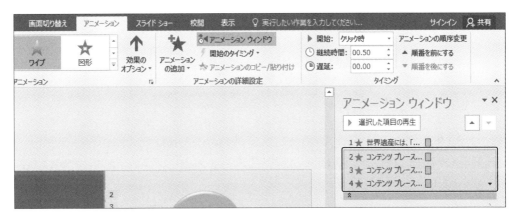

⑥[アニメーション]グループにある[効果のオプション]をクリックして、[左から]を選択します。

⑦3番目のアニメーションを選択し、[Shift]キーを押しながら4番目のアニメーションをクリックして、3番目と4番目のアニメーションを選択します。

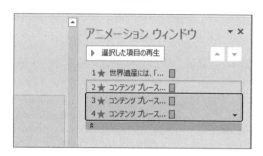

⑧4番目のアニメーションの右側の▼をクリックして、ショートカットメニューから［直前の動作の後］をクリックします。

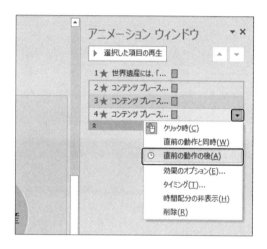

⑨SmartArtに適用したアニメーションの再生されるタイミングが変わったことを確認します。
　※アニメーションウィンドウの［ここから再生］をクリックしてアニメーションの動きを確認してみましょう。

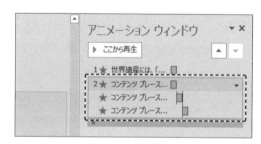

アニメーションの削除

　設定したアニメーションは削除できます。削除するアニメーションの再生番号を選択し、［アニメーション］タブの［アニメーション］ボックスの中から［なし］をクリックします。

4-3-2 画面切り替え

「画面切り替え」とは、スライドショーの実行中に、次のスライドを表示する際の効果のことです。アニメーションに似た印象を与えることができるため、より演出効果の高いスライドショーを実行できます。

1枚目のスライドから2枚目のスライドに切り替わるときに、1枚目のスライドを押し出すように表示したり、2枚目のスライドが1枚のスライドに覆いかぶさるように表示したりできます。特に注目してほしいスライドを表示するときには、ほかのスライドと異なる画面切り替えを用いると効果的です。

画面切り替えの設定

画面切り替えの設定は［画面切り替え］タブで行います。対象のスライドを選択して、画面切り替えの効果を指定します。画面切り替え効果は、画面切り替えを設定すると自動で再生されますが、設定したあと、［プレビュー］ボタンをクリックしても再生できます。

【実習】「新製品ご提案2.pptx」のスライド1を除くスライド2からスライド5に画面切り替えの［カバー］を設定します。

①「新製品ご提案2.pptx」を開きます。
②サムネイルでスライド2を選択し、[Shift] キーを押しながらサムネイルのスライド5を選択します。

③[画面切り替え]タブの[画面切り替え]グループの一覧から、[カバー]を選択します。
　※画面切り替えの[カバー]は、[シンプル]のグループにあります。

④次の【実習】で同じファイルを使用するため、ファイルを[上書き保存]して閉じます。

画面切り替えの効果のオプション

　設定した画面切り替え効果は、効果の表示方向などを変更できます。設定するには、[画面切り替え]タブの[画面切り替え]グループにある[効果のオプション]を利用します。また、[タイミング]グループの[期間]や[画面切り替えのタイミング]を設定することで、切り替え時のスピードや自動的に切り替える設定なども行えます。

　また、[すべてに適用]をクリックすることで、設定した画面切り替えをすべてのスライドに一度に適用できます。

【実習】「新製品ご提案2.pptx」で、スライドに設定された画面切り替え効果が左から表示されるように変更します。

①「新製品ご提案2.pptx」を開き、サムネイルでスライド2を選択します。
②[画面切り替え]タブの[画面切り替え]グループにある[効果のオプション]をクリックして、[左から]を選択します。

③[タイミング]グループにある[すべてに適用]をクリックします。

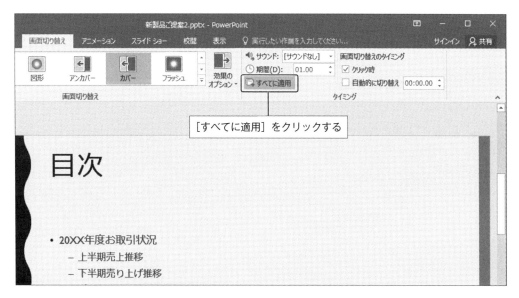

④スライド3以降の画面切り替え効果の方向が[左から]に変わっていることを確認します。

【実習】「会社説明会3.pptx」のすべてのスライドの画面切り替え効果を[ピールオフ]に変更し、スライドの切り替えの継続時間を1秒に設定します。

①「会社説明会3.pptx」を開きます。
②[画面切り替え]タブの[画面切り替え]グループの一覧の右下にある[その他]（▼）をクリックします。

③画面切り替えの一覧から［ピールオフ］を選択します。

④［画面切り替え］タブの［タイミング］グループにある［期間］を「01.00」に変更し、［すべてに適用］をクリックします。

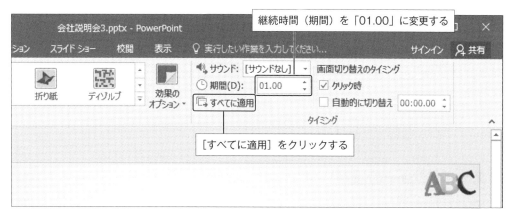

⑤スライド2以降を選択して、継続時間が1秒に変更されていることを確認します。

4-4 プレゼンテーション

PowerPointには、スライドを作成してプレゼンテーションを実施する際に利用できるさまざまな機能があります。ここではプレゼンテーションの操作について学習します。

4-4-1 プレゼンテーションの設定

プレゼンテーションの発表時には、作成したスライドを「スライドショー」としてプロジェクターなどで投影します。「スライドショー」とは、スライドを全画面で順番に表示する機能です。

プレゼンテーションの実行

スライドショーの実行は、[スライドショー] タブの [スライドショーの開始] グループにある [最初から] をクリックします。また、ショートカットキーの [F5] キーを押しても、1枚目のスライドからスライドショーを開始できます。

スライドショーの実行中に、スライドを切り替えるには、マウスやキーボード（[→] [↓] キーや [Enter] キーなど）を操作して切り替えます。

指定したスライドからスライドショーを実行

スライドショーは、指定したスライドからも実行できます。アニメーションの設定内容をスライドショーで確認したり、中断したスライドからスライドショーを再開したり、プレゼンテーションを終了したあとに再度関連するスライドだけを表示したりする場合に便利です。

スライドショーを開始するスライドを選択した状態で、[スライドショー] タブの [現在のスライドから] をクリックします。またはショートカットキーの [Shift] ＋ [F5] キーでも、選択しているスライドから開始できます。

スライドショーの設定

スライドショーを実行するにあたり、非表示スライドの指定やスライドショーの記録、表示先スクリーンの設定、プレゼンテーション中にマウスを用いて描くペンの色などの設定ができます。

設定をするには、[スライドショー] タブの [設定] グループや [モニター] グループの各ボタンを利用するほか、[スライドショーの設定] ダイアログボックスで行います。[スライドショーの設定] ダイアログボックスは、[スライドショー] タブの [設定] グループにある [スライドショーの設定] をクリックして表示します。

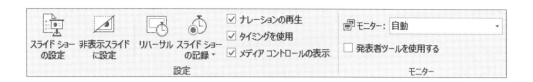

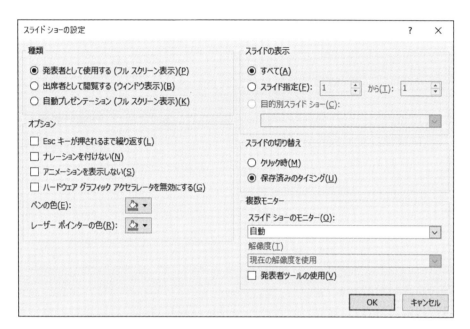

［スライドショーの設定］ダイアログボックス

スライドショーの記録、リハーサル

　スライドショーには、スライドの切り替えやアニメーションなどのタイミングを記録して、自動的にプレゼンテーションを進行する機能もあります。

　スライドショーを記録するには、「リハーサル」または「スライドショーの記録」を利用します。

　「リハーサル」は、アニメーションとスライドの切り替えのタイミングだけを記録します。リハーサルをするには、［スライドショー］タブの［設定］グループにある［リハーサル］をクリックします。すぐにスライドショーが開始され、アニメーションやスライドの切り替えを進めることで、そのタイミングが記録されます。

　一方、「スライドショーの記録」はアニメーションとスライドの切り替えのタイミングに加え、マイクを用いてナレーションの録音やレーザーポインターの動きなども記録できます。

　［スライドショー］タブの［設定］グループにある［スライドショーの記録］を選択し、表示される［スライドショーの記録］ダイアログボックスで［記録の開始］をクリックします。

　［記録の開始］をクリックすると、スライドショーが開始され、アニメーションやスライドの切り替えを進めることで、そのタイミングやナレーションの音声なども記録されます。

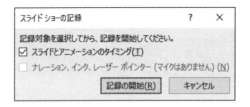

　これらの機能を用いて記録したナレーションやタイミングを利用するには、[設定] グループにある [ナレーションの再生] や [タイミングを使用] のチェックボックスにチェックを入れた状態でスライドショーを実行します。

【実習】「会社説明会1.pptx」が、リハーサルで保存しているタイミングで進行できるように設定します。

！このプレゼンテーションファイルは、リハーサルの所要時間が保存された状態です。
①「会社説明会1.pptx」を開きます。
②[スライドショー] タブの [設定] グループにある [タイミングを使用] にチェックを入れます。

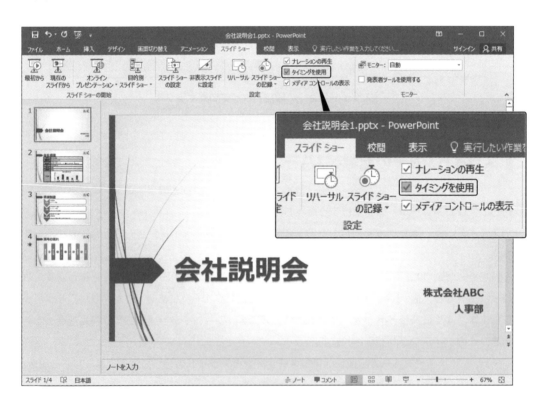

4-4-2 外部／マルチモニターに接続してプレゼンテーションを表示する方法

プレゼンテーションを実行するには、PowerPointの設定のほかに実行するPC環境の準備が必要です。

マルチモニター接続

プレゼンテーションをほかのモニターやプロジェクターを用いて表示するには、PCの環境設定でマルチモニター接続を用意する必要があります。

「マルチモニター」とは、もともとPCに接続しているモニターとは別のモニターやプロジェクターを接続することで、事前にPCに接続して利用します。利用しているPCのOS（オペレーティングシステム）がWindowsであれば、[ディスプレイの設定]画面から準備します。

ディスプレイの設定は、デスクトップ上で右クリックし、メニューから[ディスプレイ設定]を選択します。[設定]ウィンドウの[ディスプレイ]画面が表示され、ここからマルチウィンドウの設定を行います。

なお、手元のPCのディスプレイと2台目のディスプレイに同じ映像を表示する場合は、[複数のディスプレイ]を[表示画面を複製する]に変更し、動作を確認したうえで表示されたメッセージで[変更の維持]をクリックします。

プレゼンテーションのためのプロジェクターとの接続だけでなく、モニターを複数台接続して並べることで、作業領域を広く確保できるため、作業を効率化することができます。

マルチディスプレイ　表示画面を複製する

手元のディスプレイと2台目のディスプレイに異なる映像を表示する場合は、[複数のディスプレイ]を[表示画面を拡張する]に変更します。

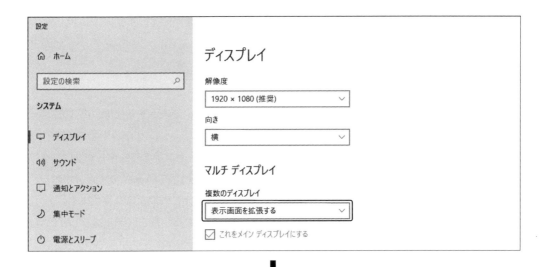

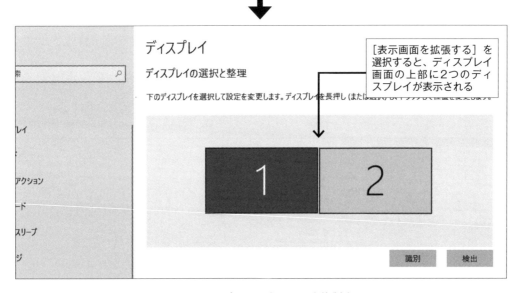

マルチディスプレイ　表示画面を複製する

ケーブル

　PCとプロジェクターの接続や外部モニターとの接続には、映像出力用のケーブルを用います。代表的なケーブルに「D-sub」ケーブルと「HDMI」ケーブルがあります。

　D-subケーブルはアナログビデオケーブルとも呼ばれ、PCが普及した時期から現在まで長く使われています。対応機器も多く、ビジネス用途の中型以上のプロジェクターやほとんどのモニターが対応しています。

HDMIは映像だけでなく音声も同時に送信できるケーブルです。D-subとは異なり、音声出力も同時に行うため音声ケーブルを別途接続する必要がありません。また、接続プラグの形式も大小あるため、小型のプロジェクター、タブレットやスマートフォンなどの小型の機器との接続にも向いています。D-subに比べ画質も向上しており、著作権管理技術も備えているため、PCだけでなくテレビやビデオを含めたAV機器において現在もっとも利用されているケーブルです。

D-sub　　　　　　　HDMI

音声

　プレゼンテーションの音声の録音にはマイクが必要です。録音する前にPCでマイクを使えるように設定しておく必要があります。
　一般的にPCにマイクを接続すると自動で認識され、そのまま利用することができますが、音量の調整や複数のマイク（内蔵マイクと外部接続のマイクなど）がある場合は、設定を変更する必要があります。
　マイクの設定は、Windowsのタスクバーの右側にある音量アイコンを右クリックし、［サウンドの設定を開く］をクリックします。

音量アイコンを右クリックして、［サウンドの設定を開く］を選択する

タスクバーの音量アイコン

　［設定］ウィンドウの［サウンド］画面が表示されるので、入力デバイスのリストから利用するマイクを選択します。
　また、マイクの音量設定は、［デバイスのプロパティ］をクリックし、［デバイスのプロパティ］画面の右側にある［追加のデバイスのプロパティ］をクリックします。［(マイク名) のプロパティ］ダイアログボックスが表示されるので、［レベル］タブにあるスライダーで音量を調整します。

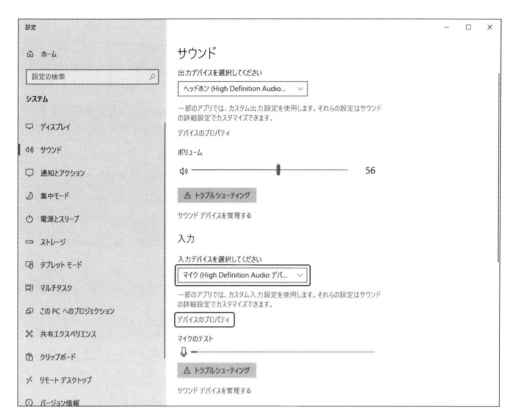

サウンド画面

［マイクのプロパティ］ダイアログボックス

4-5 共有

プレゼンテーションファイルは、スライドショーによるプレゼンテーションだけでなく、参加者へ印刷物やファイルとして配布することができます。ここでは、作成したプレゼンテーションファイルの印刷や発行について学習します。

4-5-1 印刷（スライド、配付資料、アウトライン、ノート）

作成したプレゼンテーションは、大きく分けて4つの形式で印刷できます。参加者に配布する資料や手持ち資料など、利用目的に応じて印刷します。印刷は［ファイル］タブの［印刷］から行います。

印刷レイアウト

フルページサイズのスライド

スライドを1枚の用紙にフルサイズで印刷します。ノートペインに入力した原稿などは印刷されません。

配付資料

1枚の用紙に複数のスライドをまとめて印刷します。枚数は1枚、2枚、3枚、4枚、6枚、9枚から選択できます。

なお、1ページに3枚のスライドを表示する設定にした場合のみ、配布資料の右側にメモなどを記述できる領域が印刷されます。

■ アウトライン

[アウトライン]タブと同じ形式でスライドに入力されている文字のみを印刷します。

■ ノート印刷

1枚のスライドとそのスライドのノートペインの内容を1枚の用紙に印刷します。主に発表用原稿として用いられます。

色の設定

スライドを印刷する際には、色の設定をカラー、グレースケール、単純白黒から選択することができます。特に濃度の近い色同士が重なり合っているデザインの場合、カラーやグレースケールでは文字が読みにくい場合がありますが、単純白黒にすることで読みづらさを解消できることもあります。色の設定は、[ファイル]タブの[印刷]から行います。

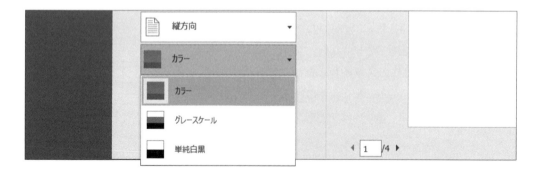

4-5-2 保存・発行

プレゼンテーションファイルは、異なるファイル形式で保存したり、特殊な実行形式として発行したりできます。

異なるファイル形式の保存

PowerPointのファイル形式は、「PowerPointプレゼンテーション（*.pptx）」ですが、旧バージョンのPowerPointでも扱えるように変換した「PowerPoint97-2003プレゼンテーション（*.ppt）」や環境に依存しないPDF形式などで保存することもできます。

保存は、［ファイル］タブの［名前を付けて保存］または、［エクスポート］の［ファイルの種類の変更］から行います。

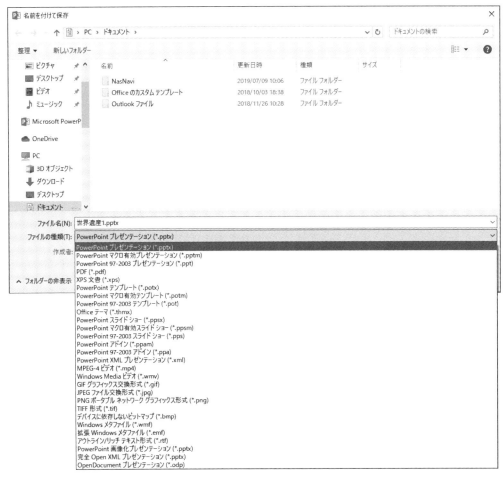

［名前を付けて保存］ダイアログボックス

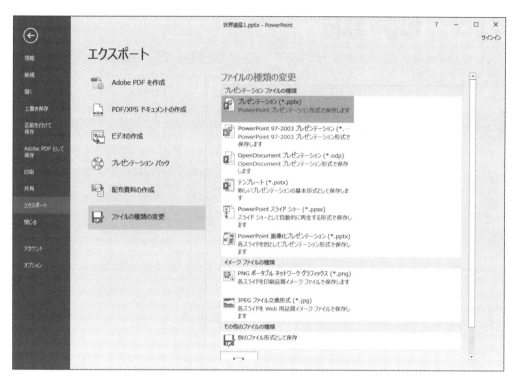

ファイルのエクスポート

画像形式（JPEG、PNG）

　スライドを1枚ずつ画像として保存することもできます。画像として保存するには［ファイル］タブの［エクスポート］の［ファイルの種類の変更］から、「PNG ポータブルネットワークグラフィックス（*.png）」や「JPEG ファイル変換形式（*.jpg）」を選択します。なお、保存された画像には、ファイル名に自動的に連番が追加されます。

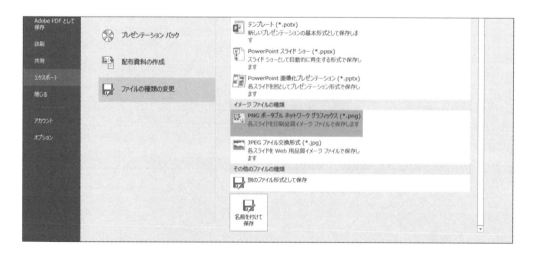

ビデオの作成

ナレーションやタイミングなども含めたプレゼンテーションをビデオとして保存して配布することもできます。

ビデオを作成するには［ファイル］タブの［エクスポート］から［ビデオの作成］を選択します。ビデオ画像のサイズや画質の設定、記録していたタイミングやナレーションを使用する/しないなどの選択を行い、［ビデオの作成］ボタンをクリックすると、動画ファイル（mp4）として保存されます。

ビデオの作成

データベースソフト

　一定の規則に基づいて収集、蓄積されたデータの集合体のことをデータベースといい、そのデータベースの構築、加工、出力までを行うアプリケーションが「データベースソフト」です。ここでは、データベースソフトについて学習します。

5-1 データベース

　データベースとは、関連するデータを整理し、検索や抽出を行えるようにしたデータの集まりのことです。その管理システムも含めてデータベースと呼ぶこともあります。ここでは、Microsoft Office Accessを例にあげ、データベースの基本的な概念や用途について学習します。

5-1-1 データベースの概念

　「データベース」は、仕事や生活のなかで生まれるさまざまな情報を整理して蓄積し、利活用するものです。小規模のものでは個人の住所録や名簿など、大規模のものでは金融機関のオンラインデータベースや医療情報データベースなどに利用されます。

▌データベースで扱うデータ

　データベースは、データを効率的に蓄積するために、メタデータなどの情報を用いて整理して管理します。

▌データ

　「データ」とは、文字や符号、数値などを表現したものです。データそのものは単なる文字や数値の羅列でしかありませんが、そこに人間にとっての意味付けが加えられたものを「情報」と呼びます。

　たとえば、170、165、158といったデータは単なる数値ですが、このデータが「身長」のデータであると意味付けされると情報になります。

　一般に表（テーブル）形式でデータを管理するデータベースでは、レコード（行）ごとにデータが追加され、フィールド（列）と呼ばれる列でこれらのデータの意味付けを行い情報を整理します。

列（フィールド）には、同じ項目を集めて情報を整理する

学生番号	氏名	身長	体重
20190101	山田　尚子	162	51
20190208	青山　裕太	168	59
20200131	高山　洋介	172	68
20200201	吉村　由惟	154	43

レコードには、
1件分の情報を入力する

メタデータ

　「メタデータ」とは、データの種類や更新日時、ファイルサイズ、保管場所など、データに付帯するデータのことです。各データにメタデータを保持することで、分類や検索、並べ替えなどが可能になります。メタデータはデータを作成する際に自動的に付加されるものと、データの作成者が、メタデータを編集することで追加・編集できるものがあります。WindowsなどのPCで管理するファイルでは、メタデータのことをファイルのプロパティと呼びます。

データベースソフト

　データベースを管理するソフトウェアを「データベースソフト」と呼びます。データベースソフトには、効率的にデータを蓄積し、データを利用するためのさまざまな機能が用意されています。

データベースソフトの主な機能

- データの入力、保存
- データの演算、集計、並べ替え、抽出（メタデータの利用）
- データの更新、削除
- データの印刷

代表的なデータベースソフト

　データベースソフトにはさまざまな種類がありますが、データの種類や規模、目的に応じて利用するソフトウェアを選択します。

- Oracle Database ················ Oracle（オラクル）社の商用データベースソフト。大規模なデータ管理に利用される。
- Microsoft Access ················ Microsoft社のデータベースソフト。Office製品のひとつでほかのOfficeアプリケーションと同じ感覚で操作できる。
- Microsoft SQL Server ········ Microsoft社の商用データベースソフト。大規模なデータ管理に利用される。
- FileMaker ······························ FileMaker（ファイルメーカー）社のデータベースソフト。macOSでも利用できる。

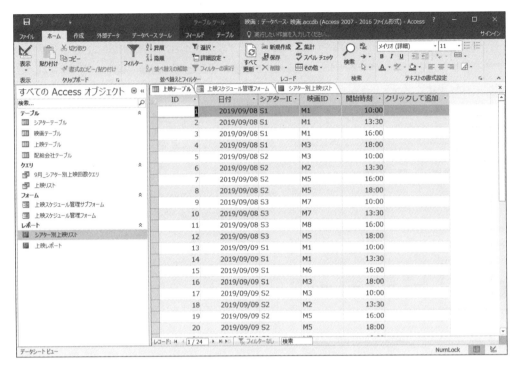

Microsoft Office Accessの画面

5-1-2　データベースの活用

データベースは、企業・個人を問わず、さまざまなシーンで利用されています。

たとえば、企業や官公庁では、顧客名簿、販売管理、メーリングリストなど中小企業で利用される比較的小規模なデータベースから、航空会社の予約システムや大企業の会計データベースなど大規模な基幹系データベースまでさまざまなものが用いられており、処理速度や高い信頼性が求められます。

一方、個人が住所録や家計簿などを管理する小規模なデータベースでは、手頃な価格でかつ、操作性の良さが求められます。

データベースの活用事例

代表的なデータベースの活用事例は次のとおりです。

業務システム

企業の業務システムでは、売上データや顧客データなどのデータを蓄積し処理をする必要があります。そのため、システムのなかにデータベースが用意され、蓄積したデータを処理する形式を取っています。データベースはシステムごとに用意される場合もありますが、企業の基幹シス

テムと呼ばれる共通の大きなシステム上に一元管理され、さまざまな業務システムとデータを共有・連携するものもあります。

Webサイト

Webサイトのなかにはデータベースと連携しているものも数多く存在します。たとえば、ネットショップでは商品情報（商品名、商品説明、価格など）をあらかじめデータベースに登録しておくことで、Webサイト上で商品の検索ができたり、商品一覧を表示したりできます。また、注文内容や顧客のデータなども直接データベースに登録され、ショップ運営者が管理画面から発送処理などをしやすくするしくみも実現します。

そのほかにも、ホテルや航空券の予約や、ニュースサイトやブログの記事などもデータベースを利用しており、閲覧者が目的の情報を見て処理できるようになっています。

年賀状（住所録）

個人向けのデータベース活用事例として、もっとも身近なのが年賀状ソフトです。年賀状ソフトの多くはデータベース機能を有しており、宛名印刷で利用する送付先の氏名や住所などの情報をデータベース上で管理します。宛先の絞り込みや送付履歴の管理などに役立てられています。

5-2 リレーショナルデータベース

データを複数のテーブルに分けて、各テーブルのフィールド同士を関連付けて管理するデータベースのことを「リレーショナルデータベース」といいます。

5-2-1 リレーショナルデータベースの基本概念

「リレーショナルデータベース」は、もっとも利用されているデータベースの形式です。データの重複を避けて、効率よくデータを管理できるため、在庫管理などの大規模で複雑なデータベースで利用されます。

元データ

No.	氏名	郵便番号	住所1	住所2
0001	山田　太郎	791-1111	A県A市○町	1-2-3
0002	木下　洋子	792-2222	A県B市△町	5-6-7
0003	吉田　正	792-3333	A県B市■町	2-2-2
0004	佐々木　優香	791-1111	A県A市○町	3-5-7

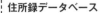

住所録データベース

個人情報テーブル

No.	氏名	郵便番号	住所2
0001	山田　太郎	791-1111	1-2-3
0002	木下　洋子	792-2222	5-6-7
0003	吉田　正	792-3333	2-2-2
0004	佐々木　優香	791-1111	3-5-7

住所テーブル

郵便番号	住所1
791-1111	A県A市○町
792-2222	A県B市△町
792-3333	A県B市■町

A市とB市をZ市に更新

郵便番号	住所1
791-1111	A県Z市○町
792-2222	A県Z市△町
792-3333	A県Z市■町

すべてのA市とB市がZ市に更新される

画面上

No.	氏名	郵便番号	住所1	住所2
0001	山田　太郎	791-1111	A県Z市○町	1-2-3
0002	木下　洋子	792-2222	A県Z市△町	5-6-7
0003	吉田　正	792-3333	A県Z市■町	2-2-2
0004	佐々木　優香	791-1111	A県Z市○町	3-5-7

リレーショナルデータベースは、主に4つのオブジェクトで構成されています。データベースを構成するオブジェクトには、「テーブル」「クエリ」「フォーム」「レポート」などがあります。テーブルはデータを格納するためのオブジェクトであり、データ項目を表形式のテーブルで保存し、データ項目を元にテーブル同士の関連付け（リレーション）を行います。

　テーブルを分けてデータを管理することで、重複するデータの入力やデータの更新を効率化することができます。たとえば、住所録において、画面上では氏名や住所がすべて表示され印刷できるようになっていても、データベース内では「個人情報」テーブルと「住所」テーブルを分けておき、それぞれに「郵便番号」フィールドを持たせて関連付けておくことで、市町村が合併した時など「住所」テーブルを数か所変更するだけで、すべての宛先情報を更新することができます。

リレーションシップ

　「リレーションシップ」とは、テーブル同士を関連付ける機能です。リレーションシップは両方のテーブルに共通するフィールドを設けて、それらのフィールドを使って、テーブル間の関係を定義します。両方のテーブルに共通するフィールドを「結合フィールド」といいます。

　リレーションシップを設定すると、結合フィールドによってテーブルを組み合わせてデータを抽出することができ、複数のテーブルが連携した複雑なデータベースを構築できます。

参照整合性

　「参照整合性」を有効にして結合された2つのテーブルのフィールドは、データの整合性がとれなくなるようなデータの追加、変更、削除を禁止します。

　たとえば前出の住所録データベースで、「個人情報テーブル」の「郵便番号」フィールドと「住所テーブル」の「郵便番号」フィールドに参照整合性を設定した場合、「住所テーブル」の「郵便番号」フィールドに存在しないデータを、「個人情報テーブル」の「郵便番号」フィールドに追加しようとすると、エラーメッセージが表示されます。

　なお、この時「個人情報テーブル」から見て、参照先となる「住所テーブル」の「郵便番号」フィールドを「外部キー」と呼びます。外部キーは関連するテーブル間の整合性を保証することができます。

ER図

　「ER図」は、項目間の関連性を整理して表す図で、リレーショナルデータベースでは、異なるテーブル間のフィールドのリレーションを表すために用いられます。

　「ER」はEntity Relationship（エンティティ リレーションシップ）の略で、Entityはテーブルを示し、Relationshipは各テーブルの関連を意味しています。

　テーブルのリレーションには、「一対多リレーションシップ」「多対多リレーションシップ」「一対一リレーションシップ」の3種類があります。ER図でも、次のように「1」と「∞」という記述でその関連を表します。

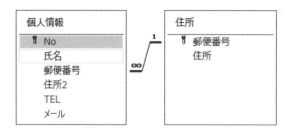

Microsoft Office Accessのリレーションシップ

5-2-2　リレーショナルデータベースの構造

リレーショナルデータベースでは、データを整理して蓄積する「テーブル」のほかに、「クエリ」「フォーム」「レポート」などのオブジェクトがあります。

ここでは、それぞれのオブジェクトの役割について整理します。

テーブル

「テーブル」はデータを格納するための入れ物です。1つのデータベースには複数のテーブルを設けることができます。

テーブルは表の形をしており、列を「フィールド」、行を「レコード」といいます。テーブルには複数のフィールドを設定することができますが、フィールドにはそれぞれ個別のフィールド名（項目名）を設定する必要があります。また、テーブルにデータを格納する際には「キーフィールド」を設定することが望ましく、通常、ID番号や商品番号などほかのレコードとは重複しない値を持つフィールドを指定します。

テーブルの構成

商品ID	分類番号	商品名	価格
0001	1	オレンジジュース	150
0002	1	りんごジュース	150
0003	1	緑茶	150
0004		ウーロン茶	150
0005	2	日本酒	2000
0006	2	白ワイン	2000
0007	2	赤ワイン	2500
0008	3	ジャガイモスティック	150
0009	3	チョコレート	120
0010	3	おかきあられ	300

（フィールド名／レコード／キーフィールド／フィールド）

レコード

「レコード」は1件分のデータのことで、各フィールドのデータをひとまとめにしたものです。データはレコード単位で保存され、保存されたデータの抽出や検索、並べ替えも原則としてレコード単位で行われます。

レコードの空欄のフィールドには、Null値（空値）が入り、次のレコードのデータがフィールド内で上詰めされることはありません。

フィールド

「フィールド」は、テーブル内の同じ項目の集まりのことでテーブルの列にあたります。フィールドには、「フィールド名」と呼ばれるデータに意味付けをする項目名と、データを分類するためのルールにあたる「データ型」を設定します。格納するデータは設定したデータ型になっている必要があり、異なる場合は自動的に変換されるかエラーになります。次の表は、Microsoft Office Accessのテーブルで設定できるデータ型です。

データ型	概要
短いテキスト	文字または数値データで使用。半角で最大255文字まで格納する。
長いテキスト	長い文字または数値データで使用。半角で最大1GBまでのデータを格納する。
数値型	数値データで使用。演算可能な数値を格納する。
日付／時刻型	日付および時刻データを格納する。
通貨型	通貨データで使用。小数点以上15桁、小数点以下4桁まで格納する。
オートナンバー型	各レコードに対して自動的に順番に番号を付番する。必ず一意の整数を格納し、レコードを削除すると番号は欠番になる。
Yes/No型	True/False、はい／いいえ、オン／オフなど2つの値のうちいずれかを格納する。
OLEオブジェクト型	埋め込みオブジェクトを格納する。
ハイパーリンク型	ハイパーリンクアドレスを格納する。
添付ファイル	画像、文書、グラフ、ワークシートなどサポートされているドキュメントを添付ファイルとして格納する。
ルックアップウィザード	ほかのテーブルまたは、値の一覧から値を選択できるようにするフィールドを作成する。ウィザードで選択した値に基づきデータ型が設定される。

キーフィールドと主キー

「キーフィールド」は、主キーが設定されたフィールドのことです。フィールドに主キーを設定すると、各レコードは固有のデータとして識別されます。

「主キー」とは、テーブル内のレコードを一意に識別するための特別なフィールドです。主キーを設定すると、各レコードは固有のデータとして識別されます。そのため、主キーには重複のないデータを指定する必要があります。たとえば、個人情報のデータベースであれば、社員番号や学籍番号、あるいはマイナンバーなど、必ず一意になる情報が適しています。

通常、1つのテーブルにつき、主キーを1つ設定しますが、「学年」「クラス」「番号」のように複数のフィールドでレコードを一意に識別する場合は、複数のフィールドをまとめて主キーとして設定します。

1つのフィールドでレコードを特定できる＝主キー

学生番号	氏名	身長	体重
20190101	山田　尚子	162	51
20190208	青山　裕太	168	59
20200131	高山　洋介	172	68
20200201	吉村　由惟	154	43

複数のフィールドでレコードを特定できる＝3つまとめて主キー

学年	クラス	番号	氏名	身長	体重
1	1	28	山田　尚子	162	51
1	2	1	青山　裕太	168	59
2	1	10	高山　洋介	172	68
2	2	28	吉村　由惟	154	43

Accessではテーブルを新規作成すると、既定ではオートナンバー型の「ID」フィールドが作成され、主キーとして設定されますが、あとからフィールド名を変更したり、別のフィールドを主キーに設定したりできます。

クエリ

「クエリ」は、テーブルのデータを元にデータの抽出、更新、並べ替え、演算など、主にデータの表示や加工を行うオブジェクトです。クエリでデータを変更するとテーブルにも変更が反映されます。また、クエリの実行結果を元に、別のクエリを作成することもできます。なお、クエリは単一のテーブル、または複数のテーブル、既存のクエリなどの組み合わせからデータを取得することができます。

クエリには、「選択クエリ」、「更新クエリ」、「テーブル作成クエリ」などの種類があります。たとえば、「選択クエリ」は、テーブルにある複数のフィールドの中から、指定したフィールドのデータを取り出したり、条件を指定して特定のレコードのみを抽出したりすることができます。

SQL

「SQL」はデータベースを操作するために利用される言語のひとつで、データベースの定義やテーブルの作成・削除、データベースへのデータの挿入、選択、削除などを命令するために使用します。

クエリの構文もSQLで記述します。多くのデータベースソフトでは、クエリを作成するための設定画面が用意されており、コマンドボタンやドラッグアンドドロップでクエリを作成することができますが、SQLを直接記述する機能も用意されています。

次のSQL文では、「学生一覧」テーブルから「学年」フィールドの値が「1」であるレコードの「氏名」を一覧で取得する命令です。

SELECT 氏名 FROM 学生一覧 WHERE 学年 ＝ 1

フォーム

「フォーム」は、テーブルを元にデータの入力画面や閲覧画面をデザインするためのオブジェクトです。ドロップダウンやチェックボックスなどのコントロールを利用すると、データの入力や変更、削除が容易になります。

また、「入力規則」を設定することで、不正なデータの入力を防ぐことができます。レコードの閲覧用にも利用できます。

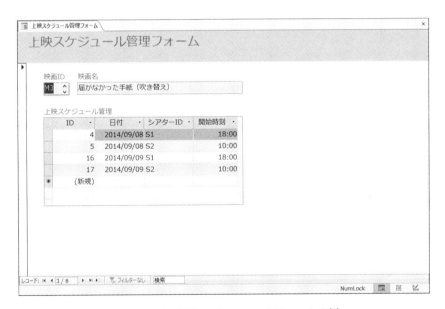

Microsoft Office Accessのフォームの例

入力規則

「入力規則」は、入力するデータをチェックする機能です。フィールドに入力するデータの文字数を制限したり、入力する値を数字や英字のみに制限したりできます。通常、入力規則はテーブルのデータ型に合わせて設定します。

レポート

「レポート」は、テーブルまたはクエリのデータを見やすくレイアウトして印刷するためのオブジェクトです。

Accessのレポート機能では、テーブルやクエリのデータを使って、基本的なレポートを簡単に作成できます。レポートを作成したあと、一部のフィールドをグループ化して体裁を整えることができます。また、条件を指定して抽出した情報のみを印刷したり、特定のフィールドをキーにしてデータを並べ替えて印刷したりできます。設定次第では、データを一覧で印刷するだけでなく、レコードごとに1枚ずつ印刷することも可能です。

Microsoft Office Accessのレポートの例

chapter
06

アプリの利用

　PCやスマートフォンでは、目的や用途に合わせてソフトウェアを追加して利用します。特にスマートフォンやタブレットを中心としたタッチパネルを採用した機器の小型化と普及が進み、従来のPC向けのアプリケーションソフトウェアとは異なるジャンルのソフトウェアが充実しています。ここではアプリの利用について学習します。

6-1 アプリの基本

近年、スマートフォンやタブレットの登場により、アプリケーションソフトウェアの多様化が進んでいます。ここでは、アプリとアプリケーションの基本について確認します。

6-1-1 アプリ・アプリケーションとは

本来「アプリ」という言葉は「アプリケーションソフトウェア」の略語として用いられてきましたが、近年ではPCで使用しているものをアプリケーションソフトウェア、スマートフォンやタブレットで使用するものをアプリと呼ぶようになっています。しかし、PC向けにもアプリと称するソフトウェアが増えており、その線引きがあいまいになっている状況です。

機器・端末による分類ではなく、CDやDVD、Webサイトからダウンロードして入手するソフトウェアをアプリケーションソフトウェア、アプリを配布・販売する「ストア」から入手するソフトウェアをアプリと呼び分ける場合もあります。

PC用アプリケーション

PC用のアプリケーションは、PCの処理能力の高さから、高度で複雑な処理や操作を実現するための多くの機能を搭載しています。

PC用アプリケーション（Microsoft Office Word）

また、PCの画面領域を活用するため、さまざまな操作用のメニューを画面の上下左右に配置し、マウスやキーボードで操作できるように最適化されています。作業領域を広く確保し、かつ多くの機能を利用するために、操作の命令をあたえるコマンドボタンやナビゲーションは小さくなっています。

スマートフォン・タブレット用アプリ

スマートフォンやタブレット用のアプリはPCに比べると処理能力が低いため、比較的簡単な処理をするものが多くなっています。

また、画面領域は小さいですがタッチパネルでの操作を前提としているため、操作用のボタンは大きく、直感的に指で操作しやすくなっています。

スマートフォン用アプリのイメージ

6-1-2　アプリ・アプリケーションのすみわけ

PC向けのアプリケーションとスマートフォン向けのアプリは、用途に応じて使い分けをするとより便利になります。

アプリ・アプリケーションの強みと限界

PC向けのアプリケーションは、PCが持つリソースの性能を利用できるのが大きな強みです。スマートフォンに比べて処理能力が高いPCでは、複雑な操作や複数のアプリケーションを同時に利用することができます。また、作成したファイルの保存先にあたるハードディスクやSSDの容量も大きいため、動画ファイルや大量の写真などの編集や管理に向いています。階層構造を持

つフォルダーやファイルの管理はスマートフォンでもできますが、ファイル管理については、一般的にPCのほうが管理しやすいといわれています。

しかし、PC上で動作するため利用する環境に限界があり、電車での移動中や隙間時間での利用についてはスマートフォンのほうが向いています。また、電話・カメラ・GPSによるナビゲーションなど、携帯性が重視される機能を用いる場合は、PCよりもスマートフォンのほうが向いており、使いやすいアプリが充実しています。

スマートフォン向けのアプリの強みは、直感的な操作に優れている点があげられます。指先によるタッチ操作が前提のため、利用画面がシンプルでわかりやすいものが多く、ほとんどのアプリがマニュアルを見ずに操作できます。また、前述のとおりスマートフォンに搭載されている電話やカメラなどの機能を活用できるのが大きな利点です。

一方で、処理能力はPCに比べると低く、画面も小さいため、特に複数のアプリを同時に開き連携して使う方法には向いていません。なお、タブレットでは、1画面に複数のアプリを横並びに表示して利用できるものが登場しています。

アプリケーションの選択

アプリケーションやアプリは、目的や作業内容に応じて適切に選択する必要があります。たとえば、文書の作成は、WordだけでなくExcelやメモ帳などでも可能ですが、やはり高度な編集機能を用いて文書を作成する場合はWordを利用すべきです。同様に表計算やグラフ作成であればExcel、プレゼンテーション資料を作成するならばPowerPoint、Webサイトの閲覧や検索はMicrosoft EdgeやGoogle Chromeといったように適切な使い分けができるようにしましょう。

また、目的にあったアプリケーションがない場合は、新たに入手したり、Webアプリと呼ばれるブラウザー上で動作するアプリを利用したりします。アプリケーションの入手方法やWebアプリについては後述します。

既定のアプリの設定

PCやスマートフォンでは、操作や作業と利用するアプリやアプリケーションを紐づけておくことができます。たとえば、メールアドレスを選択した際に特定のメールアプリが起動するように設定したり、スマートフォンで住所情報を選択したら特定の地図アプリが起動するように設定したりできます。

6-2 アプリ・アプリケーションの入手

　PCのアプリケーションとスマートフォンやタブレットのアプリでは、入手方法が異なります。ここでは、アプリの入手方法について学習します。

6-2-1　アプリ・アプリケーションの入手方法

　スマートフォンの普及やインターネットの高速化にともない、アプリやアプリケーションの入手方法も多様化しています。

▍パッケージソフトの入手

　家電量販店やPCショップなどで購入できるCDやDVDなどの光学メディアに収められているソフトウェアのことを「パッケージソフト」と呼びます。

　従来型の入手方法であり、購入者はPCの光学ドライブにメディアを挿入して、インストール作業を行います。

　近年では、パッケージ内に光学メディアを同梱する代わりに、ソフトウェアをダウンロードするWebサイトのURL（Webサイトのアドレス）と認証用のライセンスキーが記載されたカードが同梱されているものも増えています。また、ライセンスキーとダウンロード用URLが書かれた「POSAカード」（Point of Sales Activationの略）という形状で販売されるものも増えています。POSAカードは、PCをインターネットに接続し、ソフトウェアをインストールするためのインストーラーをダウンロードして実行します。インストール中または初回利用時にライセンスキーの入力が求められます。

POSAカード（Microsoft Office 2019）

アプリの入手方法

スマートフォン用のアプリは、原則的に「アプリストア」から入手します。無料・有料を問わず、アプリストアから必要なアプリを検索しダウンロードします。この際、インストールは自動的に行われます。

アプリストア

代表的なアプリストアは次のとおりです。

アプリストア	特徴
App Store	Apple社が運営するアプリストア。iOSを利用するiPhoneやiPad用のアプリを提供する。
Google Playストア	Google社が運営するアプリストア。Android OS向けのアプリを提供する。
Microsoft Store	Microsoft社が運営するアプリストア。スマートフォンではなくWindowsアプリを提供する。Windows PCからの利用が可能。
Amazonアプリストア	Amazon社が運営するアプリストア。Amazonが販売するKindleタブレットで利用するアプリを提供する。なお、Kindleで閲覧する電子書籍はAmazon内のKindleストアで購入する。

アプリの復元（再入手方法）

アプリを入手するには、各アプリストアでユーザー登録をします。これにより、アプリのダウンロード履歴や購入履歴が管理されるため、一度削除したアプリの再ダウンロードや、新しいスマートフォンやタブレットを購入した際に同じアプリを再入手することができます。また、アプリごとにユーザー登録をすることで、アプリの設定やデータなどの復元も可能になります。

有料アプリの購入

有料のアプリには、ダウンロード時に購入するものと、無料で試用版または機能制限版を配布し、正規版を利用するときに支払いが必要になるものがあります。

ダウンロード時にアプリを購入する場合は、アプリストアで購入するアプリを選択したあと、購入オプションで一括払いや月額払いなどを選び、アカウント情報と支払いオプションから決済方法を選択します。決済が完了すると、アプリはダウンロードされ、インストールされます。

なお、決済方法には、クレジットカードでの支払い、アプリストアのポイントを使用した支払いなどがあります。

アプリストアのポイントは、購入時に特典として得られるもののほかに、家電量販店やコンビニエンスストアでプリペイドカードを購入し、事前にストア上に登録しておくこともできます。

なお、試用期限を過ぎたり、機能制限をなくした正規版のアプリを利用したりする場合も、同様の手順でアプリを検索し、購入オプションで有料版を選択します。

▌アプリ内課金

アプリのなかには、無償で提供された基本アプリに機能を追加するためにアプリ内課金が必要なものもあります。アプリ内課金が必要なアプリの多くは、無料のままでも利用できますが、課金をすることでより便利に利用できるようになります。

また多くのゲームアプリでは、ゲームを有利に進めるためのアイテムやゲーム内で利用できる通貨（コイン）をアプリ内課金で購入することができます。決済には、提供元のアプリストアの決済機能を使うもののほかに、ゲーム制作会社のネットショップなどでコードを購入して、アプリ上に反映させる方法もあります。

6-2-2　Webアプリ

PCにソフトウェアをインストールせず、ブラウザー上で利用できるアプリケーションを「Webアプリケーション」または「Webアプリ」と呼びます。Webアプリの多くは無料で利用でき、近年では機能も充実してパッケージソフトに近い操作性を実現するものも登場しています。

Webアプリは、アプリケーションを用意したサーバーにアクセスして利用し、作成したデータもインターネット上に保存されるため、原則としてPCがインターネットに接続している必要があります。

Webアプリ	説明
Google ドキュメント	Googleが提供するワープロWebアプリ。Microsoft Wordとも互換性があり基本的な文書作成に十分な機能を有する。
Google スプレッドシート	Googleが提供する表計算Webアプリ。Microsoft Excelとも互換性があり基本的な表作成に十分な機能を有する。
Office Online	Microsoft社が提供するWeb版Office。Word、Excelなどの簡易版が利用でき、基本的な文書や表作成などができる。
Gmail	Googleが提供するメールアプリ。ブラウザー上からの送受信に加え、スマートフォンアプリからも利用できる。
Outlook.com	Microsoft社が提供するメールアプリ。メールだけでなく予定表（カレンダー）機能も利用できる。

Webアプリ(Googleドキュメント)

6-3 アプリのジャンル

アプリケーションやアプリにはさまざまなものがあり、その用途も多岐に渡ります。ここでは、ジャンルごとに代表的なアプリケーションやアプリを確認します。

6-3-1 ビジネス

ビジネスで扱うアプリケーションには、ワープロソフトや表計算ソフトに代表されるオフィス系のアプリケーション、メールやスケジュール管理などを行う業務管理ツールなど、さまざまなものが存在します。

オフィスアプリケーション

ワープロ、表計算、プレゼンテーションなど、利用目的に応じたソフトウェアをまとめて「オフィスアプリケーション」と呼びます。Microsoft Officeを筆頭に、Googleドキュメント、Apple社のiWorkなどが存在します。

近年では、オフィスアプリケーションとクラウドとの連携、チャット機能など共同作業をしやすくするための機能が追加されています。

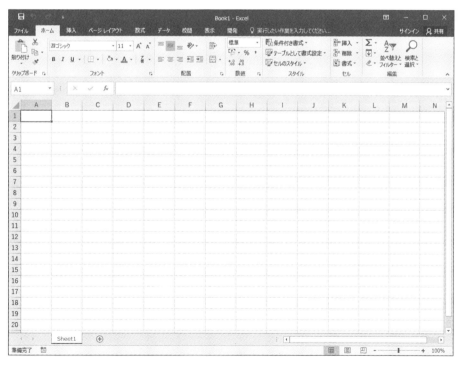

オフィスアプリケーション（Microsoft Office Excel）

業務管理ツール

電子メールをやり取りするアプリケーションやスケジュール管理のためのカレンダー、連絡先をまとめて管理するアドレス帳など、ビジネスで活用するツールはさまざまです。それぞれの目的に応じて個別のアプリケーションを利用するほかに、これらを一元管理できるアプリケーションもあります。

たとえば、Microsoft Officeに含まれるOutlookでは、メール、カレンダー、アドレス帳のほかに、To Doリストの管理や会議への招待や出席管理なども行うことができます。

また、Webメールの代表格であるGmailやGoogleカレンダーは、ブラウザーからWebアプリとして利用することができます。たとえば、スマートフォンの専用アプリから利用したり、Webメールに届いたメールをPCにインストールしたOutlookなどのメールソフトにダウンロードしたりできます。

また、業務管理ツールには、「グループウェア」と呼ばれるシステムがあります。グループウェアは、専用のアプリケーションを使って会社や組織内の情報共有やコミュニケーションに利用され、なかには外出先からブラウザー上のWebアプリで利用できるようにしている企業もあります。なお、個人向けの業務管理ツールに加えて、掲示板やチャットといったコミュニケーション機能、ファイル共有機能、稟議決裁や施設予約など各種申請を行う機能などが用意されているものもあります。

6-3-2 マルチメディア（創作）

マルチメディアとは、文字（テキスト）、静止画、動画、音声などを組み合わせて表現するメディアのことです。PCやスマートフォンでは、これらの創作がしやすいさまざまなアプリケーションやアプリが提供されています。

マルチメディアオーサリングツール

イラストや写真などの静止画像や動画、音声、電子書籍などを創作するためのアプリケーションを「マルチメディアオーサリングツール」と呼びます。

代表的なマルチメディアオーサリングツールに「Adobe Creative Cloud」（アドビ クリエイティブ クラウド）があります。Adobe Creative Cloudは、Microsoft Officeと同様に複数のソフトウェア群の呼称で、次の表はAdobe Creative Cloudに含まれるアプリケーションの一例です。

アプリケーション名	役割
Adobe Photoshop（フォトショップ）	ペイント系グラフィックソフト。画像や写真の編集・加工（フォトレタッチ）のほかに、Webサイトのボタンデザインなどでも用いられる。
Adobe Illustrator（イラストレーター）	ドロー系グラフィックソフト。イラスト作成、ロゴ作成などに利用する。
Adobe Premiere（プレミア）	映像編集ソフト。動画の編集、書き出しを行う。
Adobe InDesign（インデザイン）	ページレイアウトソフト。書籍、広告、雑誌などの誌面デザインにあたるDTP（デスクトップパブリッシング）に利用する。
Adobe Acrobat Pro（アクロバット プロ）	PDFファイルを作成、編集、管理するソフトウェア。Web上のテキスト配布や電子書籍の標準フォーマットであるPDFを作成・編集する。

　たとえば、電子書籍を作成する場合は、はじめにWordを使って原稿を作成し、InDesignを用いて誌面のレイアウトやデザインを行い、最後にAcrobat Proを使ってPDF形式として発行するといった流れでアプリケーションを組合せて利用します。誌面で利用するイラストはIllustrator、写真の加工はPhotoshopとAdobe Creative Cloudを用いればほとんどのマルチメディアファイルに対応できるため、複雑なデザインの作品を創作する業界では標準アプリケーションとして利用されています。

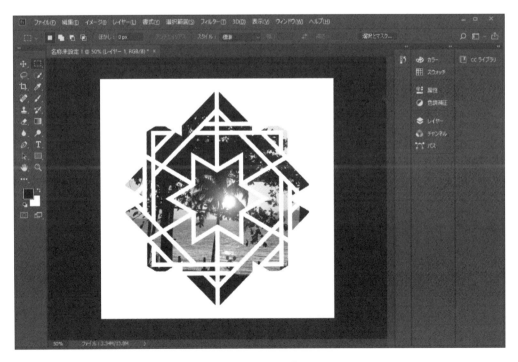

Adobe Photoshop

イラストソフト（スケッチ、ドローイング、ペイント）

　Adobe Creative Cloud以外にも、手軽にイラスト作成を行えるアプリケーションは数多くあります。たとえば、Windowsには標準でペイントアプリが用意されており、図形を組み合わせて簡単なイラストを作成できます。

　また、タブレットやスマートフォンでは、専用のタッチペンなどを用いて絵のスケッチができるアプリも数多く存在します。なかには無料で本格的なスケッチやイラスト作成ができるアプリもあります。

Windows標準のペイントソフト

イラスト作成には、大きくペイント系ソフトウェアとドロー系ソフトウェアがあります。
Windows標準の「ペイント」に代表されるペイント系ソフトウェアはビットマップ画像を扱い、マウスポインターを筆に見立てて描画します。ビットマップ画像は、ピクセル（画素）という小さなドットの集合体で図が構成されます。
一方、Illustratorに代表されるドロー系ソフトウェアはベクトル画像を扱い、図形を直線や曲線などで表します。ベクトル画像は、図形を開始点と終了点で結び、X軸、Y軸の座標に基づく計算によって描画されます。そのため図形を拡大・縮小してもそのつど再計算して描画されるため画像は劣化しません。

6-3-3　生活

　ビジネスや創作活動以外にも、日々の生活のなかで役に立ったり、楽しめたりするアプリケーションやアプリがあります。

コミュニケーション（Facebook、Twitter、Instagram、LINEなど）

　SNS（ソーシャルネットワーキングサービス）では、多くのユーザーが日常のつながりだけでなく、趣味や嗜好、所在地などをきっかけにインターネット上でつながり、コミュニケーションを活発に行っています。

　代表的なSNSであるFacebook（フェイスブック）やTwitter（ツイッター）、Instagram（インスタグラム）は、ブラウザーからの利用だけでなく、スマートフォン用のアプリからの利用が一般的になっています。

　また、個人間、グループ間のコミュニケーションツールとしてLINEを筆頭にSlack（スラック）などのテキストメッセージサービスも普及しています。これらのサービスもスマートフォンアプリからの利用を前提に提供されています。

健康

　ヘルスケア関連では、歩数計アプリをはじめ、リストバンドなどのウェアラブル端末と連携して運動量、脈拍、血圧などを計測できる健康管理アプリ、食事の記録やカロリー計算ができるアプリなどがあります。

教育・学習

　問題の練習ができるアプリや動画で講義が受けられるアプリなど、さまざまな教育・学習アプリが登場しています。学習履歴から苦手範囲を抽出する機能や、講義を繰り返し視聴する機能などを利用することで効率的な学習が可能です。

　また、辞書アプリでは単純な持ち運びの利便性向上だけでなく、検索機能の利用や英単語の発音を音声で確認できる機能なども搭載されています。

生活支援

　生活支援アプリとしては、健康管理アプリのほかに、家計簿アプリや防犯防災アプリ、子供向けの教育アプリ、塗り絵アプリなど、さまざまなものが登場しています。

　最近では、スマート家電と呼ばれるネットワークに接続した家電が登場しており、それらの家電を外出先から操作するためのアプリも登場しています。たとえば、遠隔地に住む家族とビデオ通話ができるアプリや、外出先からビデオ録画の予約や視聴ができるアプリ、家庭用の監視カメラでペットの様子を確認できるアプリなどが人気です。

　また、Microsoft Officeなどのオフィスアプリケーションは、家計簿や住所録をExcelを用いて作成したり、PTA活動での文書やポスターをWordで作成したりするなど、ビジネス以外の用途でも活躍しています。

趣味（音楽、映画／動画、写真、読書など）

趣味用のアプリは、特にスマートフォンやタブレット向けに幅広く増えています。YouTubeに代表される動画視聴用のアプリや音楽プレーヤーアプリ、さまざまな機能を有するカメラアプリなど、人気のアプリが多数存在します。

また、Amazon社のKindleアプリに代表される電子書籍用のアプリや小説や漫画などを執筆・閲覧できるアプリもあり、趣味としての創作活動と、それを楽しむ文化が形成されています。

ゲーム

スマートフォンを中心にゲームアプリは数えきれないほど存在します。個人が趣味の範囲で制作したゲームからゲーム会社が制作した本格的なゲームまで、幅広いラインナップから自分の好みに合ったゲームを選ぶことができます。

PC用のゲームはグラフィックの進歩がすさまじく、またインターネットの高速化も伴い、ユーザー同士が会話をしながら同時に遊べるゲームなどが人気です。

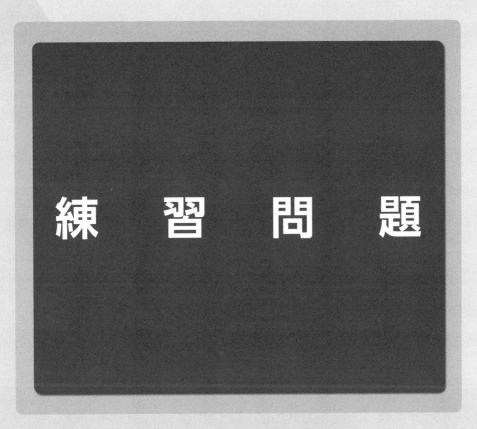

IC3 GS5 キーアプリケーションズの試験範囲に完全準拠した練習問題です。

chapter 01　一般的な機能（13問）

問題1-1

セル内の文字列を編集する方法として、誤っているものを2つ選んでください。

A. ［Ctrl］キーを押しながらセルをクリックする
B. セル上でダブルクリックをする
C. セル上でマウスの左ボタンを長押しする
D. セルを選択して、キーボードの［F2］キーを押す
E. セルを選択して、数式バーでセル内の文字列を編集する

問題1-2

Word文書「c01-新入社員研修.docx」の15行目にある「人事部教育担当へ」を、同じ15行目の「3月10日までに」のうしろにドラッグアンドドロップで移動してください。

※操作が終了したら、ファイルを上書き保存してください。

問題1-3

Word文書「c01-猫の性格.docx」を開き、表示サイズを120％に変更してください。

問題1-4

ショートカットキーのキー操作と機能の組み合わせとして、誤っているものを2つ選んでください。

A. ［Ctrl］＋［C］キー　　切り取り
B. ［Ctrl］＋［V］キー　　貼り付け
C. ［Ctrl］＋［S］キー　　上書き保存
D. ［Ctrl］＋［A］キー　　元に戻す
E. ［Ctrl］＋［F4］キー　　終了

問題 1-5

Word文書「c01-新入社員研修.docx」内の文字列「場所」を、文字列「会場」に一度の操作で置換してください。

※操作が終了したら、ファイルを上書き保存してください。

問題 1-6

入力支援のうち、「文の先頭文字を大文字にする」といった文章の自動修正を行う機能として、正しいものを選んでください。

A. オートコンプリート
B. アクセシビリティチェック
C. オートコレクト
D. ドキュメント検査
E. 置換

問題 1-7

Word文書「c01-新入社員研修.docx」で、「研修日程」の行にある「午前9時～午後17時」にコメントを挿入し、『時刻の表記を研修内容と揃える』を入力してください。

※操作が終了したら、ファイルを上書き保存してください。

問題 1-8

Word文書「c01-猫の性格.docx」の7行目に、「c01練習問題」フォルダーにあるJPEG 画像「猫.jpg」を挿入します。次に画像の下辺を約1cmトリミングしてください。（画像の高さを140mm前後にします）

※操作が終了したら、ファイルを上書き保存してください。

問題 1-9

テンプレートを利用してファイルを新規作成するメリットとして、適切なものを2つ選んでください。

A. 枠組みがあらかじめ作成されているため、ファイルを効率よく作成できる
B. ファイルのサイズを小さくできる
C. 複数ユーザーがフォーマットを統一してファイルを作成できる
D. セキュリティが高いファイルを作成できる
E. 誤字脱字や表記の不統一を防ぐことができる

問題1-10

Word文書「c01-新入社員研修.docx」を、「練習1」というファイル名で［ドキュメント］フォルダーに保存してください。

問題1-11

ファイルの保護に関する記述のうち、適切なものをすべて選んでください。

A. 書き込みパスワードは［ファイル］タブの［情報］にある［文書の保護］から設定する

B. 読み取りパスワードは、［名前を付けて保存］ダイアログボックスから設定できる

C. 保護ビュー中は文書の内容を確認することができない

D. 書き込みパスワードがわからなくても、文字の選択や編集はできるが、上書き保存はできない

E. 保護ビューを解除するには、画面上部に出る黄色の警告バーの［編集を有効にする］をクリックする

問題1-12

保護モードに関する記述のうち、不適切なものを1つ選んでください。

A. Wordの［編集の制限］機能を利用すると、ユーザーに許可する編集の種類を指定できる

B. Wordの［編集の制限］機能を利用すると、編集時に利用可能な書式を制限できる

C. Excelの［シートの保護］機能を利用すると、シートの追加や削除が制限できる

D. Excelの［シートの保護］機能は、「セルのロック」と組み合わせることでセル範囲ごとに編集を制限できる

E. ファイルを最終版にするとリボン上のコマンドボタンが使用できなくなる

問題1-13

身体に障がいがあるユーザーでも利用できる文書になっているかを確認するための機能として、正しいものを選んでください。

A. 互換性チェック

B. スペルチェック

C. 表記ゆれチェック

D. アクセシビリティチェック

E. ドキュメント検査

chapter 02　ワープロソフト（12問）

問題2-1

［上書き保存］［元に戻す］［印刷］など、頻繁に利用するコマンドボタンを配置できるWordの画面構成要素として、適切なものを1つ選んでください。

A.　ステータスバー
B.　ルーラー
C.　クイックアクセスツールバー
D.　タイトルバー
E.　リボン

問題2-2

Word文書「c02-新入社員研修.docx」の9行目の文字列「新入社員研修日程のお知らせ」のフォントサイズを24ポイントに変更してください。

問題2-3

Word文書「c02-新入社員研修.docx」の9行目の文字列「新入社員研修日程のお知らせ」に［表題］スタイルを適用してください。

※次の問題で使用するため、操作が終了したら、ファイルを上書き保存してください。

問題2-4

Word文書「c02-新入社員研修.docx」で、23 ～ 25行目の時間割を表に変換してください。

※23～25行目は4つの文字列がタブ区切りで入力されています。

問題2-5

Word文書「c02-猫の性格.docx」で、2段組みの文章の行間を「1.5」に設定してください。

※操作が終了したら、ファイルを上書き保存してください。

問題2-6

Wordのタブとルーラーの説明として、誤っているものを1つ選んでください。

A.　ルーラーの単位は水平ルーラーが「字」、垂直ルーラーが「行」である
B.　既定ではルーラーは表示されている
C.　タブマーカーには複数の種類がある
D.　タブマーカーは水平ルーラー上をクリックして配置する

問題2-7

Word文書「c02-猫の性格2.docx」の本文3 〜 6行目に、2文字分の左インデントを設定してください。

問題2-8

ヘッダーとフッターの説明として適切なものを2つ選んでください。

A. ヘッダーはページの上余白の直下に入る
B. 下部の余白をダブルクリックすることでフッターの編集ができる
C. ヘッダーやフッターには、テキストのみ挿入できる
D. ページ番号は数字だけでなく、アルファベットやローマ数字なども利用できる

問題2-9

Wordの印刷機能に関する説明として、適切なものを2つ選んでください。

A. 印刷前のイメージは印刷プレビュー画面で確認できる
B. 1枚の用紙に2ページ分を印刷するには、文書の表示サイズを縮小してから［印刷］ボタンをクリックする
C. 複数部数を印刷するには、印刷する部数の回数だけ［印刷］ボタンをクリックする
D. 文書内の特定のページだけを印刷できる

問題2-10

Word文書「c02-新入社員研修.docx」で、2か所の変更履歴（「いたし」を「致し」に変更）を承認してください。

※操作が終了したら、ファイルを上書き保存してください。

問題2-11

編集の制限機能でユーザーに許可することができる操作をすべて選んでください。

A. コメント
B. フォームへの入力
C. 変更履歴
D. 印刷
E. 書式

問題 2-12

Wordと互換性のあるファイルの説明とその拡張子の組み合わせのうち、誤っているものを1つ選んでください。

A. Webページとして保存する   html

B. 文字の装飾や画像が表示できるテキストを保存する   rtf

C. 2003以前のバージョンでも、開けるファイルとして保存する   doc

D. 書式のない文字のみ（プレーンテキスト）を保存する   txt

E. マクロを使用できるファイルとして保存する   docx

chapter 03　表計算ソフト（13問）

問題 3-1

Excelブック「c03-商品売上.xlsx」の「1月」シートのセル範囲E4：E10に通貨表示形式［¥ 日本語］を適用してください。

※操作が終了したら、ファイルを上書き保存してください。

問題 3-2

Excelブック「c03-商品売上.xlsx」の「1月」シートの8行目（商品ID が「105」の行）を削除してください。

※操作が終了したら、ファイルを上書き保存してください。

問題 3-3

Excelブック「c03-商品売上.xlsx」の「2月」シートの表（セル範囲A3：E10）にフィルターを設定して、単価が「1500円以上」のレコードが表示されるようにしてください。

※操作が終了したら、ファイルを上書き保存してください。

問題 3-4

Excelブック「c03-商品売上.xlsx」の「1月」シートで、表の見出し行（セル範囲A3：E3）に下記の書式を設定してください。

※操作が終了したら、ファイルを上書き保存してください。

• フォントの色：白、背景1
• 塗りつぶしの色：青、アクセント5
• 罫線：下二重罫線

問題3-5

Excelブック「c03-商品売上.xlsx」で、「1月」シートのセルA1の文字列を折り返してセル内に収めてください。

※操作が終了したら、ファイルを上書き保存してください。

問題3-6

Excelブック「c03-商品売上.xlsx」で、「1月」シートのセルA1の文字列をセル範囲A1：E1の中央に表示されるように設定してください。このときセルを結合しないように配置します。

※操作が終了したら、ファイルを上書き保存してください。

問題3-7

シートの取り扱いに関する次の記述のうち、誤っているものを2つ選んでください。

A. シート名の上で右クリックし［挿入］からシートを追加すると、選択したシートの左隣にシートが追加される
B. シート名は、シート見出しをダブルクリックすることで変更できる
C. シートを複数選択することはできない
D. シートを別のブックに移動することはできるが、コピーすることはできない
E. シートの並び順はドラッグアンドドロップで変更できる

問題3-8

セルA1とセルB1を足した値を求める数式を列のみを固定する複合参照で作成します。
数式として適切なものを1つ選んでください。

A. =$A1+$B1
B. =A$1+B$1
C. =&A1+&B1
D. =$A$1+$B$1
E. =&A$1+&B$1

問題3-9

セル範囲A1：A4の数値の合計を関数で求める式として、適切なものを1つ選んでください。

A. =SUM(A1-A4)
B. =SUM(A1:A4)
C. =COUNT(A1-A4)
D. =COUNT(A1:A4)
E. =COUNT(A1,A4)

問題3-10

Excelブック「c03-上半期支店別売上.xlsx」の「Sheet1」シートのデータを使用して、支店別の上半期売上の比率を表す [3-D円] グラフを作成してください。グラフは表の下に移動してください。（グラフの作成時に表の見出し行は含めないでください。）

※操作が終了したら、ファイルを上書き保存してください。

問題3-11

問題3-10で作成した3-D円グラフのスタイルを「スタイル7」に変更し、グラフのタイトルは削除してください。

問題3-12

Excelブック「c03-商品一覧.xlsx」の「Sheet1」シートのセル範囲A3：C17 をテーブルに変換してください。先頭行は見出しとして設定し、テーブルスタイルは任意のスタイルを選択します。次に、テーブル名を「商品一覧」に変更してください。

※操作が終了したら、ファイルを上書き保存してください。

問題3-13

Excelと互換性のあるファイルの説明とその拡張子の組み合わせのうち、誤っているものを1つ選んでください。

A. 作成したファイルをテンプレートとして保存する   xlsx
B. データをカンマで区切ったファイル形式で保存する   csv
C. 2003 以前のバージョンでも、通常通り開けるファイルとして保存する   xls
D. 書式のない文字のみを保存する   txt
E. マクロを使用できるファイルとして保存する   xlsm

chapter 04　プレゼンテーションソフト（12問）

▌問題4-1

PowerPoint ファイル「c04-新製品の提案.pptx」の表示モードを［スライド一覧］に切り替えてください。

▌問題4-2

PowerPointファイル「c04-新製品のご提案.pptx」の2枚目のスライドのうしろに、新しいスライドを追加してください。

※操作が終了したら、ファイルを上書き保存してください。

▌問題4-3

PowerPointファイル「c04-新製品のご提案.pptx」の3枚目のスライド（問題4-2で追加したスライド）を削除してください。

※操作が終了したら、ファイルを上書き保存してください。

▌問題4-4

PowerPoint ファイル「c04-新製品のご提案.pptx」の2枚目のスライドが3枚目のスライドとなるように移動してください。

※操作が終了したら、ファイルを上書き保存してください。

▌問題4-5

PowerPointファイル「c04-新製品のご提案.pptx」の3枚目のスライドのレイアウトを［縦書きタイトルと縦書きテキスト］に変更してください。

※操作が終了したら、ファイルを上書きせずに元に戻してください。

▌問題4-6

次の文章に該当するPowerPointの機能を1つ選んでください。

各スライドに共通したデザインやレイアウトのことです。背景やプレースホルダーのサイズ、テキストの書式などを管理します。

A.　アニメーション
B.　画面切り替え
C.　スライドマスター
D.　スライドショー

問題4-7

PowerPointファイル「c04-新製品のご提案.pptx」の3枚目のスライドの箇条書きテキストの右下に、画像ファイル「イラスト.png」を挿入してください。画像ファイルは「c04練習問題」フォルダーにあるものを使用してください。

※操作が終了したら、ファイルを上書き保存してください。

問題4-8

PowerPointファイル「c04-新製品のご提案.pptx」の2枚目のスライドにSmartArtグラフィックの［放射ブロック］を挿入し、次のデータを入力してください。次に色を［カラフル － アクセント3から4］に変更し、スタイルを［光沢］に設定してください。

※SmartArtグラフィックの［放射ブロック］は、［循環］に分類されています。操作が終了したら、ファイルを上書き保存してください。

＜入力データ＞
中心の四角形：健康と美容を応援！
上の四角形　　：健康増進
右下の四角形：飲みやすい味
左下の四角形：美容効果

問題4-9

PowerPointファイル「c04-新製品のご提案.pptx」の3枚目のスライドの箇条書きと画像に、次のアニメーションを設定してください。設定したら、動きを確認してください。

※操作が終了したら、ファイルを上書き保存してください。

- 箇条書き文字列「フロートイン」
- 画像「パルス」

問題4-10

アニメーションの設定に関する説明として、次の中から誤っているものを2つ選んでください。

A. アニメーションとは、オブジェクトを表示したり非表示にしたりするときのオブジェクトの動き方を設定するものである
B. 1つのオブジェクトには複数のアニメーションを設定できる
C. すべてのアニメーションは、スライドが表示されると同時に実行される
D. アニメーションを実行する速度は［アニメーション］タブの［継続時間］で設定できる
E. アニメーションは印象付けるための機能なので、1枚のスライドにできるだけ多くのアニメーションを設定すると、より効果的なプレゼンテーションができる

問題4-11

「c04-新製品のご提案.pptx」の2枚目のスライドに、［ディゾルブ］の画面切り替えを設定してください。設定したら、動きを確認してください。

※操作が終了したら、ファイルを上書き保存してください。

問題4-12

1枚の用紙にスライドを複数枚まとめて印刷するレイアウトはどれですか。

A. フルページサイズのスライド
B. 配付資料
C. ノート
D. アウトライン
E. 部数単位で印刷

chapter 05 データベースソフト（6問）

問題5-1

次の文章に該当するデータベースの要素を1つ選んでください。

データの種類や更新日時、ファイルサイズ、保管場所など、データに付帯するデータのこと。

A. レコード
B. ファイル
C. メタデータ
D. キー
E. リレーション

問題5-2

データベースの活用事例として、不適切なものを選んでください。

A. ネットショップ
B. 年賀状ソフト
C. ブログ
D. 会計システム
E. 写真加工ソフト

問題5-3

あるスポーツクラブの会員管理表で、主キーに設定する項目として適切なものを選んでください。

A. 氏名
B. 会員番号
C. 住所
D. 生年月日
E. 電話番号

問題5-4

テーブルに関する説明として、次の中から適切なものを2つ選んでください。

A. テーブルとは、指定した条件に応じて抽出、更新、削除などを行うしくみのことである
B. フィールドのデータ型は、格納するデータの種類にかかわらず、テキスト型に設定しておくとよい
C. テーブルの主キーはテーブル内のレコードを一意に識別する特別なフィールドで、デザインビューでは鍵のアイコンが表示される
D. 結合フィールドによってテーブル同士を関連付けるしくみをリレーションシップという

問題5-5

リレーションシップに関する説明として、正しいものをすべて選んでください。

A. リレーションシップとはテーブル同士を関連付ける機能である
B. 2つのテーブルで共通するフィールドを「結合フィールド」という
C. 参照整合性を有効にすると、参照先テーブルのフィールドに含まれていない情報（データ）を入力するとエラーになる
D. テーブルのリレーションは、「一対多」「多対多」の2種類である
E. テーブル間のリレーションを表すER図では、「1」と「∞」の記述で関連を表す

問題5-6

クエリに関する記述として、誤っているものを2つ選んでください。

A. テーブルを元に、データの入力画面や閲覧画面をデザインするオブジェクトである
B. テーブルのデータを元に、抽出、並べ替え、演算ができる
C. 複数のテーブルを使って、1つのクエリでデータを抽出できる
D. クエリにはキーフィールドを設定できる

chapter 06 アプリの利用 (7問)

問題6-1

PC用アプリケーションとスマートフォンアプリの特徴に関する説明のうち、適切なものをすべて選んでください。

A. スマートフォンアプリに比べ、PC用アプリケーションはボタンやナビゲーションが大きい
B. PC用アプリケーションはマウスやキーボードによる操作に最適化されている
C. スマートフォンアプリよりPC用アプリケーションのほうが機能が多い
D. スマートフォンアプリはタッチ操作のため高い処理能力が求められる
E. 作業領域はPC用アプリケーションのほうが広い

問題6-2

PC用アプリケーションの強みに関する説明のうち、不適切なものを2つ選んでください。

A. 複数のアプリケーションを同時に利用することができる
B. データ保存の容量が大きく、大量の写真やファイルが保存できる
C. 操作画面がシンプルでマニュアルを見ずに操作できる
D. 電話やカメラなどの機能を活用できる
E. 階層構造を持つフォルダーやファイルの管理がしやすい

問題6-3

作業内容・目的と既定のアプリとの組み合わせとして、適切なものをすべて選んでください。

A. メールの送受信　　Outlook
B. 写真編集　　　　　Photoshop
C. 音楽プレーヤー　　YouTube
D. Webブラウザー　　Chrome

問題6-4

アプリの入手元として、不適切なものを1つ選んでください。

A. Amazonアプリストア
B. Microsoft ストア
C. Google Play ストア
D. App Store
E. Kindleストア

問題6-5

有料アプリの購入やアプリ内課金の説明として、適切なものをすべて選んでください。

A.　有料アプリは必ず無料版アプリをインストールしたあとで購入手続きを行う

B.　有料アプリの利用には、アプリストアのポイントを事前に購入しておく必要がある

C.　無料アプリであっても機能の追加のために課金を必要とするものがある

D.　スマートフォンを買い替えたあとも利用する有料アプリは、再インストール時に再度購入する

E.　アプリの決済方法には、アプリストアのポイントやクレジットカードなどが利用できる

問題6-6

マルチメディアアプリとその利用目的の組み合わせとして、不適切なものをすべて選んでください。

A.　Acrobat Pro　　動画の編集

B.　Premiere　　　　PDFの編集

C.　InDesign　　　　DTP

D.　Photoshop　　　写真の編集

E.　Illustrator　　　　ロゴの作成

問題6-7

生活の中で利用するアプリの説明のうち、不適切なものを選んでください。

A.　代表的なSNSであるFacebook、Twitterなどはスマートフォンアプリを提供している

B.　マンガなどの閲覧アプリは多数あるが、執筆用のアプリはまだ提供されていない

C.　スマート家電と連携して、外出先から家電を操作できるアプリが登場している

D.　オフィスアプリは家庭の家計簿などでも利用できる

E.　健康系のアプリはウェアラブル端末と連携して運動量や脈拍、血圧などを測定できる

解答と解説

Chapter 01 一般的な機能（13問）

■ 解説1-1　正解：A、C

Aの［Ctrl］キーを押しながらセルをクリックする方法は、離れた複数のセルを選択する方法です。Cのマウスの左ボタンを長押しする方法は通常の選択と変わりません。参照▶1-1-1

■ 解説1-2

Wordの文字列をドラッグアンドドロップで移動するには、対象の文字列を選択したあと、マウスの左ボタンを押したまま移動先にマウスカーソルを移動して左ボタンを放します。
①文字列「人事部教育担当へ」をドラッグして選択します。
②反転した文字列をポイントします。
③マウスポインターが矢印に変わったら、「3月10日までに」のうしろにドラッグします。
参照▶1-1-2

■ 解説1-3

アプリケーションのウィンドウの拡大率を変更するには、ウィンドウの右下にあるステータスバーの［100%］など倍率が表示されている箇所をクリックするか、ズームスライダーで行います。
表示倍率が表示された箇所をクリックすると［ズーム］ダイアログボックスが表示され、任意の拡大率を設定できます。
①サンプルファイルを開きます。
②［表示］タブの［ズーム］グループで［ズーム］をクリックします。
③［ズーム］ダイアログボックスが表示されたら、指定のボックスに『120』を入力します。
参照▶1-1-4

■ 解説1-4　正解：A、D

Aの［Ctrl］＋［C］キーはコピーです。切り取りのショートカットキーは［Ctrl］＋［X］キーです。Dの［Ctrl］＋［A］キーはすべてを選択するショートカットキーです。元に戻すのショートカットキーは［Ctrl］＋［Z］キーになります。
参照▶1-1-5

解説 1-5

Wordで文字列を置換するには、[ホーム] タブの [置換] をクリックし [検索と置換] ダイアログボックスの [置換] タブで行います。

①カーソルを文書の先頭に移動します。

②[ホーム] タブの [置換] をクリックし、[検索と置換] ダイアログボックスを表示します。

③[検索する文字列] のボックスに「場所」と入力します。

④[置換後の文字列] のボックスに「会場」と入力します。

⑤[すべて置換] をクリックします。

⑥[OK] をクリックし、文字列が2箇所置換されたことを確認します。

⑦[閉じる] をクリックします。

参照▶ 1-2-2

解説 1-6　　正解：C

「オートコレクト」は、テキストを入力した際のスペルミスを自動的に修正する機能のことです。英語だけでなく、日本語にも対応しています。また、[Wordのオプション] の左メニューにある [文章校正] を選択し、[オートコレクトのオプション] ボタンをクリックし、[オートコレクト] ダイアログボックスを表示すると、[オートコレクト] タブのチェック項目を利用できます。ここで「2文字目を小文字にする」や「文の先頭文字を大文字にする」などの機能を個別に設定できます。**参照▶ 1-2-3**

解説 1-7

コメントを挿入するには、[校閲] タブの [コメント] グループにある [コメントの挿入] をクリックします。

①箇条書きの1行目の「午前9時〜午後17時」をドラッグして選択します。

②[校閲] タブの [新しいコメント] をクリックします。

③コメントの吹き出し内に『時刻の表記を研修内容と揃える』と入力します。

参照▶ 1-2-4

解説 1-8

画像の挿入は [挿入] タブの [画像] ボタンから行います。トリミングは [図ツール] の [書式] タブの [トリミング] ボタンで行います。

①「c01-猫の性格.docx」の7行目をクリックします。

②[挿入] タブの [画像] をクリックします。

③[図の挿入] ダイアログボックスが表示されたら「c01練習問題」フォルダーをクリックします。

④「猫.jpg」を選択し、[挿入] をクリックします。

⑤猫の画像が文書に挿入されたら、猫の画像をクリックします。

⑥[図ツール]の[書式]タブの[トリミング]をクリックすると、画像の周囲に「トリミングハ
　ンドル」が表示されます。

⑦画像の下側中央のハンドルをポイントし、マウスポインターが「┬」に変化したことを確認し
　ます。

⑧上方向へ約1cm程度ドラッグします。

⑨[トリミング]を再度クリックします。(画像の高さが「140 mm」程度に変わっていることを
　確認します。)
参照▶ 1-3-1、1-3-2

▌解説1-9　正解：A、C

テンプレートを使用すればファイルを効率よく作成できます。また、複数ユーザーがフォーマッ
トを統一してファイルを作成する場合にも便利です。B、D、Eはテンプレートを利用するメリッ
トとは無関係です。**参照▶ 1-4-2**

▌解説1-10

既存のファイルに別の名前を付けて保存するには、[名前を付けて保存]から行います。

①[ファイル]タブをクリックして、左側のメニューにある[名前を付けて保存]をクリックします。

②[名前を付けて保存]ダイアログボックスが表示されたら、[ドキュメント]をクリックします。

③[ファイル名]ボックスに「練習1」と入力します。

④[ファイルの種類]ボックスに「Word文書」と表示されていることを確認します。

⑤[保存]をクリックします。
参照▶ 1-4-4

▌解説1-11　正解：B、D、E

Aの書き込みパスワードは[名前を付けて保存]ダイアログボックスの下部にある[ツール]か
ら[全般オプション]を選択して設定します。Cの保護ビュー中でも文書の内容は閲覧できます。
参照▶ 1-4-5

▌解説1-12　正解：C

Cのシートの追加や削除が制限できるのは、[ブックの保護]機能です。**参照▶ 1-4-6**

▌解説1-13　正解：D

アクセシビリティとは、身体や能力の違いにかかわらず、さまざまなユーザーが利用できるよう
にする考え方です。Officeアプリケーションでは特に、目の不自由なユーザーが利用する音声読
み上げ機能への対応を確認します。アクセシビリティチェックは、代替テキストが必要な箇所へ
の指摘とその対応方法について確認できます。**参照▶ 1-4-7**

Chapter 02 ワープロソフト（12問）

解説 2-1　正解：C

クイックアクセスツールバーは、Officeアプリケーションに共通する構成要素です。既定では画面上部に表示され、表示するコマンドボタンはカスタマイズできます。 参照▶ 2-1-1

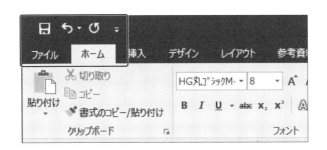

解説 2-2

フォントの変更は、[ホーム]タブの[フォント]グループから行います。
①9行目の文字列「新入社員研修日程のお知らせ」をドラッグして選択します。
②[ホーム]タブの[フォント]サイズの▼をクリックし、[24]を選択します。

参照▶ 2-2-1

解説 2-3

Wordの文字列のスタイルは[ホーム]タブの[スタイルギャラリー]から設定します。
①9行目の文字列「新入社員研修日程のお知らせ」をドラッグして選択します。
②[ホーム]タブの[スタイルギャラリー]で[表題]をクリックします。

参照▶ 2-2-2

解説 2-4

タブで区切られた文字列を表にするには、[挿入]タブの[表]から[文字列を表にする]をクリックします。タブで区切られた文字ごとに列、改行ごとに行の形式で表が作成されます。
区切り文字には、タブ以外にもカンマや任意の文字を指定できます。
①23～25行目の文字列（または行）を選択します。
②[挿入]タブの[表]をクリックし、[文字列を表にする]をクリックします。
③[列数]の値が「4」に設定されていることを確認します。
④[文字列の区切り]で[タブ]が選択されていることを確認します。
⑤[OK]をクリックします。
⑥列幅を調整し、表の体裁を整えます。

参照▶ 2-2-3

解説 2-5

部分的な行の間隔の変更は、対象となる行（または段落）を選択して、[ホーム] タブの [段落] グループの [行と段落の間隔] から設定します。

①2段組みの文章をドラッグして選択します。（文章上をトリプルクリックしても選択できます。）
②[ホーム] タブの [段落] グループの [行と段落の間隔] をクリックし、[1.5] を選択します。

参照▶ 2-3-2

解説 2-6　　正解：B

Wordの既定ではルーラーは表示されていません。**参照▶ 2-3-3**

解説 2-7

左インデントを1文字分追加するには、[ホーム] タブの [段落] グループにある [インデントを増やす] ボタンをクリックします。クリックするたびに、1文字分の左インデントが追加されます。

①3〜6行目を選択します。
②[ホーム] タブの [段落] グループの [インデントを増やす] ボタンをクリックします。
③[インデント増やす] ボタンをもう一度クリックします。

参照▶ 2-3-3

解説 2-8　　正解：B、D

Aのヘッダーは、上余白の直下ではなく、余白内に入ります。Cのヘッダーやフッターにはテキストだけでなく画像も挿入できます。**参照▶ 2-4-2**

解説 2-9　　正解：A、D

1枚の用紙に2ページ分を印刷するには、[ファイル] タブの左メニューで [印刷] を選択し、最下部の設定項目で [2ページ／枚] を選択します。

また、[部数] ボックスに印刷部数を指定すると、[印刷] ボタンを一度クリックするだけで印刷できます。**参照▶ 2-5-1**

解説 2-10

変更を承認するには、変更箇所を選択して [校閲] タブの [承諾] ボタンをクリックします。複数の変更をまとめて承認する場合は、[承諾] ボタンの下の▼をクリックし、[ドキュメント内のすべての変更を反映] や [表示されたすべての変更を反映] を使用することもできます。

①文頭にカーソルを移動します。
②[校閲] タブの [変更箇所] グループの [次へ] をクリックします。
③「いたし」を「致し」に変更した箇所が選択されたら、同じく [校閲] タブの [承諾] を2回クリックします。

④2つ目の変更箇所が選択されたら、再度［承諾］を２回クリックします。

参照▶ 2-6-2

解説 2-11　正解：A、B、C、E

Aのコメント、Bのフォームへの入力、Cの変更履歴は「編集の制限」の項目で選択できます。Eの書式は、「利用可能な書式を制限する」機能にチェックを入れることで制限することができます。参照▶ 2-6-3

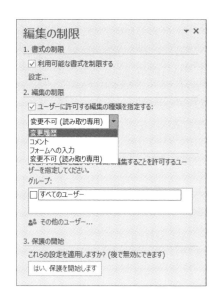

解説 2-12　正解：E

Eのマクロを使用できるファイル形式は「マクロ有効文書」であり、拡張子は「docm」です。なお、「docx」はWord2007以降の既定の文書ファイルの拡張子です。参照▶ 2-7-1

Chapter 03　表計算ソフト（13問）

解説 3-1

セル内の数値に通貨の表示形式を設定するには、［ホーム］タブの［数値］グループの［通貨表示形式］をクリックする方法や、［セルの書式設定］ダイアログボックスの［表示形式］タブで［分類］から［通貨］を選択して、通貨の種類や小数点以下の桁数などを設定する方法があります。
①「1月」シートのセル範囲E4：E9を選択します。
②［ホーム］タブの［数値］グループの［通貨表示形式］をクリックして、［¥日本語］を選択します。

参照▶ 3-2-1

解説 3-2

行の削除は、[ホーム] タブの [セル] グループにある [削除] ボタンの▼をクリックして [シートの行を削除] をクリックする方法、または8行目の行番号の部分を右クリックして [削除] をクリックする方法があります。

①「1月シート」の8行目を選択します。

②[ホーム] タブの [セル] グループにある [削除] をクリックします。

参照▶ 3-2-2

解説 3-3

表にフィルターを設定するには、[データ] タブの [フィルター]、または [ホーム] タブの [並べ替えとフィルター] の [フィルター] から行います。フィルターボタンをクリックして、[数値フィルター] から、条件と値を指定します。

①「2月」シートをクリックして表示します。

②表内の任意のセルを選択したら、[データ] タブの [フィルター] をクリックします。

③[単価] 列のフィルターボタンをクリックします。

④[数値フィルター] をポイントし、[指定の値以上] をクリックします。

⑤[オートフィルターオプション] ダイアログボックスの [単価] のボックスに「1500」を入力します。

⑥[OK] をクリックします。3件のレコードが表示されていることを確認します。

参照▶ 3-2-3

解説 3-4

セルのフォントの色、塗りつぶしの色や罫線は、[ホーム] タブの [フォント] グループで設定します。または「セルの書式設定」ダイアログボックスの [フォント] タブ、[塗りつぶし] タブ、[罫線] タブのセクションでも設定できます。

①「1月」シートのセル範囲A3：E3を選択します。

②[ホーム] タブの [フォントの色] の▼をクリックし、カラーパネルから [白、背景1] をクリックします。

③[ホーム] タブの [塗りつぶしの色] の▼をクリックし、[青、アクセント5] をクリックします。

④[ホーム] タブの [下罫線] の▼をクリックし、[下二重罫線] をクリックします。

参照▶ 3-2-4

解説 3-5

文字列の折り返しは [セルの書式設定] ダイアログボックスの [配置] タブからも設定できます。

①「1月」シートのセルA1を選択します。

②[ホーム] タブの [配置] グループにある [折り返して全体を表示する] をクリックします。

参照▶ 3-2-4

解説3-6

セル範囲を結合せずにデータを中央に配置するには、[セルの書式設定] ダイアログボックスの [配置] タブの [文字の配置] セクションで [横位置] の設定を [選択範囲内で中央] にします。

① 「1月シート」のセル範囲A1：E1を選択します。

② [ホーム] タブの [配置] グループのダイアログボックス起動ツールをクリックして、[セルの書式設定] ダイアログボックスを表示します。

③ [配置] タブの [文字の配置] セクションで、[横位置] の▼をクリックし、リストから [選択範囲内で中央] を選択します。

④ [OK] をクリックします。

参照▶ 3-2-4

解説3-7　正解：C、D

Cについては、[Shift] キーや [Ctrl] キーとともにシート名をクリックすることで、複数のシートを選択することができます。

Dについては、[シートの移動またはコピー] ダイアログボックスから、コピーをすることもできます。

Aのシート名の上で右クリックし [挿入] を選ぶと、[挿入] ダイアログボックスが表示され、そこから新しいシートを挿入できます。

参照▶ 3-2-6

解説3-8　正解：A

行や列を絶対参照で指定するには、「$」を付けます。相対参照で指定するには、何も付けません。問題では列は絶対参照、行は相対参照で指定するため、列に$が付き、行には何も付いていないAの数式が正解となります。なお、「&」は文字列を連結する演算子です。**参照▶ 3-3-1、3-3-2**

解説3-9　正解：B

セル範囲の合計を求める関数は「SUM」です。一般に引数にセル範囲を指定するには、始点と終点のセル番地を「：」（半角コロン）で結びます。

なお、問題の選択肢にはありませんが、「=SUM（A1,A2,A3,A4）」の数式でも同じ結果が得られます。**参照▶ 3-3-3**

解答
解説

287

解説 3-10

グラフを作成するには、データを選択して、[挿入] タブの [グラフ] グループからグラフの種類を選びます。

①セル範囲A5：A10を選択します。

②[Ctrl] キーを押しながら、セル範囲H5：H10を選択します。

③[挿入] タブの [グラフ] グループで [円] をクリックして、[3-D円] を選択します。

④グラフを表の下に移動します。

参照▶ 3-4-1

解説 3-11

グラフスタイルなどの変更は [グラフツール] を使用します。

①グラフを選択します。

②[グラフツール] の [デザイン] タブの [グラフスタイル] グループで、[スタイル7] を選択します。

③次に、[デザイン] タブの [グラフ要素の追加] をクリックして [グラフタイトル] を「なし」に変更します。

参照▶ 3-4-1

解説 3-12

表をテーブルに変換すると、ほかのデータとは独立した特別なデータ範囲としてデータを管理できます。

①「商品一覧.xlsx」を開き、セル範囲A3：C17を選択します。

②[ホーム] タブの [スタイル] グループにある [テーブルとして書式設定] をクリックし、スタイルのサムネイルから任意のスタイルを選択します。

③[テーブルとして書式設定] ダイアログボックスが表示されたら、テーブルに変換する範囲がA3:C17となっていること、[先頭行をテーブルの見出しとして使用する] にチェックが入っていることを確認して、[OK] をクリックします。

④セル範囲A3:C17の範囲がテーブルとして設定されたことを確認します。

⑤[テーブルツール] の [デザイン] タブで [プロパティ] グループのテーブル名を「商品一覧」に変更します。

参照▶ 3-5-1、3-5-2

解説 3-13　　正解：A

Aの作成したファイルをテンプレートとして保存するファイル形式の拡張子は「xltx」です。

「xlsx」はExcel2007以降の既定のファイルの拡張子です。

参照▶ 3-6-1

Chapter 04 プレゼンテーションソフト (12問)

解説 4-1

PowerPointで表示モードを切り替えるには、ステータスバーの表示選択ショートカットか、[表示] タブの [プレゼンテーションの表示] グループで、目的の表示モードをクリックします。
①PowerPointファイル「c04-新製品の提案.pptx」を開きます。
②ステータスバーの右下にある表示選択ショートカットの [スライド一覧] をクリックします。

参照▶ 4-1-1

表示選択ショートカット

解説 4-2

スライドの追加は [ホーム] タブの [新しいスライド] から行います。追加するスライドの前にあるスライドを選択した状態で [新しいスライド] をクリックします。
①スライドのサムネイルで2枚目のスライドを選択します。
②[ホーム] タブの [新しいスライド] をクリックします。
③2枚目のスライドのうしろに、「タイトルとコンテンツ」レイアウトの新しいスライドが追加されます。

参照▶ 4-2-1

解説 4-3

スライドの削除はスライドのサムネイルで目的のスライドを選択して [Delete] キーを押すか、右クリックし、[スライドの削除] を選択します。
①スライドのサムネイルで3枚目のスライドを選択します。
②[Delete] キーを押します。または、[スライド] タブの3枚目のスライドを右クリックし、[スライドの削除] を選択します。

参照▶ 4-2-1

解説 4-4

スライドの順番を変更するには、画面左のスライドのサムネイルでスライドをドラッグして並べ替えます。プレゼンテーションに含まれるスライドの枚数が多い場合は、表示モードをスライド一覧にすると、移動の操作がしやすくなります。
①スライドのサムネイルで2枚目のスライドを選択します。
②3枚目のスライドのうしろにドラッグします。

参照▶ 4-2-1

解説 4-5

スライドのレイアウトはあとから変更できます。[ホーム] タブの [レイアウト] から変更します。
①スライドのサムネイルで3枚目のスライドを選択します。
②[ホーム] タブの [レイアウト] の▼をクリックします。
③[縦書きタイトルと縦書きテキスト] を選択します。
※変更したレイアウトを [タイトルとコンテンツ] に戻しておきます。

参照▶ 4-2-2

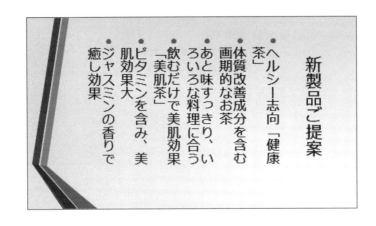

解説 4-6　正解：C

各スライドに共通したデザインやレイアウトはスライドマスターで管理します。　参照▶ 4-2-2

解説 4-7

画像ファイルの挿入は [挿入] タブの [画像] から行います。挿入した図はドラッグして、配置場所を調整します。
①スライドのサムネイルで、3枚目のスライドをクリックします。
②[挿入] タブの [画像] をクリックします。
③[図の挿入] ダイアログボックスが表示されたら、「c04練習問題」フォルダーを開きます。
④「イラスト.png」を選択して、[挿入] をクリックします。
⑤挿入した画像を箇条書きテキストの右下へドラッグして移動します。

参照▶ 4-2-3

解説 4-8

SmartArtの挿入はコンテンツプレースホルダーの [SmartArtグラフィックの挿入] アイコンから行います。各図のテキストは、図形に直接入力するほかに、[テキストウィンドウ] を使って入力することもできます。色やスタイルの変更は [SmartArtツール] の [デザイン] タブで行います。

①スライドのサムネイルで2枚目のスライドをクリックします。
②コンテンツプレースホルダーの［SmartArtグラフィックの挿入］アイコンをクリックします。
③［SmartArtグラフィックの選択］ダイアログボックスが表示されたら、［循環］をクリックします。［放射ブロック］を選択したら、［OK］をクリックします。
④各図の［テキスト］の部分をクリックして、データを入力します。
⑤［SmartArtツール］の［デザイン］タブで［色の変更］をクリックし、［カラフル - アクセント3から4］を選択します。
⑥［SmartArtのスタイル］の一覧から、［光沢］を選択します。

参照▶ 4-2-3

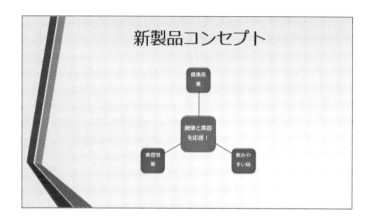

解説4-9

アニメーションを設定するには、対象のオブジェクトを選択し、［アニメーション］タブの［アニメーション］の一覧で、アニメーションを指定します。設定したアニメーションの動きを確認するには、［アニメーション］タブの［プレビュー］をクリックします。

①スライドのサムネイルで3枚目のスライドを選択し、［アニメーション］タブをクリックします。
②箇条書きの文字列が入力されたコンテンツホルダーを選択します。
③［アニメーション］の一覧から、［開始］グループにある［フロートイン］を選択します。
⑤画像を選択します。
⑥［アニメーション］の一覧から、［強調］グループにある［パルス］を選択します。
⑨［プレビュー］をクリックして、アニメーションをプレビューします。

参照▶ 4-3-1

解説4-10　正解：C、E

アニメーションは、クリック時や、直前のアニメーションを実行した直後など、実行するタイミングを指定することができます。また、アニメーションが多いと強調したいポイントが曖昧になるため、多用しすぎないように注意しましょう。

参照▶ 4-3-1

解説 4-11

スライドショーでスライドを表示する際に、「画面切り替え」の効果を設定できます。設定するには、[画面切り替え] タブの [画面切り替え] の一覧から、目的の効果を選びます。

①[スライド] のサムネイルで2枚目のスライドを選択します。

②[画面切り替え] タブをクリックし、[画面切り替え] の一覧から [ディゾルブ] をクリックします。

③[プレビュー] をクリックして、画面切り替えを確認します。

参照▶ 4-3-2

解説 4-12　正解：B

1枚の用紙にスライドを複数枚まとめて印刷するレイアウトは、配付資料です。A、C、Dは、ほかの印刷レイアウトの設定です。Eは印刷レイアウトでなく、印刷単位の設定のひとつです。

参照▶ 4-5-1

Chapter 05　データベースソフト (6問)

解説 5-1　正解：C

各データにメタデータを保持することで、分類や検索、並べ替えなどが可能になります。
メタデータはデータを作成する際に自動的に付加されるものと、データの作成者が、メタデータを編集することで追加・編集できるものがあります。**参照▶ 5-1-1**

解説 5-2　正解：E

データベースは大規模な業務システムから個人のブログや年賀状の住所管理まで、さまざまな情報を整理し管理する目的で利用されています。
Eの写真加工ソフトは、データの整理を目的としたソフトではないので不適切です。写真を整理するアルバムと称されるソフトウェアはデータベースを活用しています。**参照▶ 5-1-2**

解説 5-3　正解：B

主キーには重複がなく、レコードを特定できるものを設定すべきです。この問題で重複の心配がないものは、Bの会員番号のみです。
住所や電話番号は一見すると重複がありませんが、同居家族間での個人の特定が不可能なため、主キーの設定には適していません。**参照▶ 5-2-2**

▌解説5-4　正解：C、D

Aはクエリの説明です。Bのフィールドのデータ型は、格納するデータに応じて適切なデータ型を設定する必要があります。**参照▶5-2-2**

▌解説5-5　正解：A、B、C、E

「リレーションシップ」とは、テーブル同士を関連づける機能です。リレーションシップの種類には、「一対多」「多対多」「一対一」の3種類があります。D以外はすべて正しい説明です。
参照▶5-2-1

▌解説5-6　正解：A、D

Aはフォームの説明です。キーフィールドは主キーが設定されたフィールドで、テーブルに設定するものです。**参照▶5-2-2**

Chapter 06　アプリの利用（7問）

▌解説6-1　正解：B、C、E

スマートフォンアプリは指でのタッチ操作を前提にしているため、ボタンやメニューは比較的大きくなっています。また、PCに比べスマートフォンは処理性能が低いため、スマートフォンアプリは比較的簡単な処理をするものが多くなっています。**参照▶6-1-1**

▌解説6-2　正解：C、D

操作画面がシンプルでマニュアルを見ずに操作できる点と、電話やカメラなどの機能を活用できる点はスマートフォンアプリの強みといえます。**参照▶6-1-2**

▌解説6-3　正解：A、B、D

CのYouTubeは動画配信サービスです。専用のアプリは存在しますが、音楽プレーヤーとして既定のアプリとするのは不適切です。**参照▶6-1-2**

▌解説6-4　正解：E

EのKindleストアは、Amazonが運営する電子書籍販売用のストアで、アプリの入手先としては不適切です。**参照▶6-2-1**

解説6-5　正解：C、E

有料アプリは無料版をインストールせずに直接アプリストアで購入できるものもあります。また、一度購入したアプリはスマートフォンを買い替えた際に再購入する必要はありません。なお、決済方法はアプリストアのポイントに限らずクレジットカードやコンビニなどで購入できるプリペイドカードなども利用できます。 **参照▶ 6-2-1**

解説6-6　正解：A、B

動画の編集で用いられるのがPremiere、PDFの編集で用いられるのがAcrobat Proです。
選択肢にあるアプリケーションはいずれもAdobe Creative Cloudに含まれます。 **参照▶ 6-3-2**

解説6-7　正解：B

小説や漫画などを執筆・閲覧できるアプリもあり、趣味としての創作活動と、それを楽しむ文化が形成されています。 **参照▶ 6-3-3**

索引

記号・数字

ー	149
$	151
*	149
／	149
＾	149
＋	149
1行目のインデント（字下げ）	81

ショートカットキー

[F2] キー	5
[F4] キー	151
[F5] キー	226
[F12] キー	10
[Ctrl] ＋ [A] キー	10
[Ctrl] ＋ [C] キー	10
[Ctrl] ＋ [F] キー	10
[Ctrl] ＋ [F4] キー	10
[Ctrl] ＋ [N] キー	10
[Ctrl] ＋ [O] キー	10
[Ctrl] ＋ [P] キー	10
[Ctrl] ＋ [S] キー	10
[Ctrl] ＋ [V] キー	10
[Ctrl] ＋ [X] キー	10
[Ctrl] ＋ [Y] キー	10
[Ctrl] ＋ [Z] キー	10
[Ctrl] ＋ [Enter] キー	96
[Shift] ＋ [F5] キー	226
[Tab] キー	88

a-z

Adobe Acrobat Pro	261
Adobe Creative Cloud	260
Adobe Illustrator	261
Adobe InDesign	261
Adobe Photoshop	261
Adobe Premiere	261
Amazonアプリストア	256
App Store	256
AVERAGE関数	157
COUNTA関数	164
COUNTBLANK関数	164
COUNT関数	164
csv	177
CSV（カンマ区切り）	177
doc	109
docx	109
dotx	109
D-subケーブル	230
Entity Relationship	245
ER図	245
Excel 97-2003 ブック	177

Excel ブック	177
Excel テンプレート	177
Facebook	263
FileMaker	241
Gmail	257
Google Play ストア	256
Googleスプレッドシート	257
Googleドキュメント	257
HDMIケーブル	230
htm/html	109
HTML	110
Instagram	263
LINE	263
MAX関数	160
Microsoft Access	241
Microsoft SQL Server	241
Microsoft Store	256
MIN関数	162
Null値	247
Office Online	257
OLEオブジェクト型	247
Oracle Database	241
Outlook.com	257
PC用アプリケーション	252
pdf	109,177
PDF	109,177
POSAカード	255
PowerPoint 97-2003 プレゼンテーション	235
PowerPoint プレゼンテーション	235
ppt	235
pptx	235
rtf	109
Slack	263
SmartArt	210
SmartArtの挿入	210
SNS	263
SQL	249
SUM関数	155
Twitter	263
txt	109,177
Webアプリケーション	257
Webサイト	243
Webページ	109
Webレイアウト	60
Word 97-2003形式	109
Word テンプレート	109
Wordのオプション	93
Word文書	109
xls	177
xlsm	177
xlsx	177
xltx	177

ア

あいまい検索	15
アウトライン	60,234
アウトライン表示	182
アクセシビリティチェック	56
アクティブシート	146
アクティブセル	113
新しいコメント	27

新しいスライド	191
新しいプレゼンテーション	190
アニメーション	213
アニメーションウィンドウ	217
アニメーションの軌跡	213
アニメーションの効果のオプション	216
アニメーションの削除	220
アニメーションの種類	213
アニメーションの順序変更	216
アニメーションの設定	213
アプリ・アプリケーション	252
アプリ・アプリケーションの強みと限界	253
アプリ・アプリケーションの入手方法	255
アプリケーションの選択	254
アプリストア	256
アプリ内課金	257
アプリのジャンル	259
アプリの復元	256
イラストソフト	262
色の設定	234
[色の設定] ダイアログボックス	136
印刷	10,98
印刷の向き	94
印刷プレビュー	99
印刷レイアウト	60,233
インデント	81
インデントマーカー	82
上書き保存	10,43
エクスプローラー	43
閲覧表示	183
閲覧モード	60
円グラフ	165
演算子	149
オートコレクト	25
オートコンプリート	26
オートナンバー型	247
オートフィル	121
オートフィルオプション	121
オフィスアプリケーション	259
オブジェクト	5
オブジェクトの選択	5
折り返して全体を表示する	141
オリジナルスタイルの作成	67
折れ線グラフ	165
音声の挿入	212

■ カ

カーソル、マウスポインター	59
開始アニメーション	213
開始のタイミング	216
階層構造	43
回転ハンドル	37
ガイド	189
改ページ	96
書き込みパスワード	47
かけ算	149
加算	149
下線	61
画像・図の挿入	210
画像形式	236
画像の回転	37

画像のサイズ変更	34
画像の挿入	32
画像のトリミング	37
画像の編集	34
画面切り替え	221
画面切り替えの効果のオプション	222
画面構成（Excel）	112
画面構成（PowerPoint）	180
画面構成（Word）	58
関数	154
関数の挿入	154
[関数の挿入] ダイアログボックス	154
関数の入力	154
キーフィールド	247
既存のスタイルの変更	63
既定のアプリの設定	254
行	113
教育・学習アプリ	263
境界線	137
行間	79
強調アニメーション	213
行と段落の間隔	79
行の削除	123
行の選択	2,114
行の挿入	123
行の高さ	137
行の高さの自動調整	138
行の追加	73
行番号	113
業務管理ツール	260
業務システム	242
切り取り	10,13
クイックアクセスツールバー	59,113,181
空白セルの個数を求める関数	164
クエリ	248
グラフ	165
グラフエリア	169
グラフの作成	166
グラフの種類	165
グラフの編集	168
グラフ要素	168
繰り返し	8
グリッド線	188
[グリッドとガイド] ダイアログボックス	188
グループウェア	260
警告バー	44
形式を選択して貼り付け	116
[形式を選択して貼り付け] ダイアログボックス	116
罫線	134
罫線の削除	135
ゲームアプリ	264
桁区切りスタイル	116
健康アプリ	263
検索	10,15,18
[検索と置換] ダイアログボックス	19
減算	149
校閲	27,100
合計を求める関数	155
高度な検索	15
互換性チェック	56
互換性のあるファイル形式	108,176

コピー	10,11
コマンド	10
コマンドボタン	10
コミュニケーションアプリ	263
コメント	27
コンテンツプレースホルダー	205

サ

最小値を求める関数	162
再生順序の変更	217
最大値を求める関数	160
サブフォルダー	43
参照整合性	245
シート	113,114
シートの移動	147
［シートの移動またはコピー］ダイアログボックス	
	148
シートのコピー	147
シートの削除	147
シートの挿入	147
シートの保護	50
シート見出し	113
シート見出しの色	148
シート名の変更	147
下書き	60
指定したスライドからスライドショーを実行	226
自動スペルチェック	30
自動文章校正	30
斜体	61
修正候補の追加・削除	25
終了	10
終了アニメーション	213
主キー	247
趣味用アプリ	264
乗算	149
小数点以下の表示桁数を増やす	116
小数点以下の表示桁数を減らす	116
小数点揃えタブ	88
ショートカットキー	10
除算	149
書式なし	109
書式なしコピー	121
書式のコピー／貼り付け	62
書式の制限	106
書式のみコピー	121
新規ファイルを開く	10
垂直ルーラー	82,187
水平ルーラー	82,187
数式	149
数式の入力	149
数式バー	113,149
数値型	247
数値の個数を求める関数	164
数値フィルター	129
数値を指定	137
ズーム	9
［ズーム］ダイアログボックス	9
ズームスライダー	9
スクリーンショットの挿入	34
スクロールバー	59,113,181
図形に合わせてトリミング	37

スタイル	63
スタイルギャラリー	63
スタイル名の変更	66
ステータスバー	59,113,181
すべて選択	10
スペルチェック	28
スマートフォン・タブレット用アプリ	253
スライド一覧表示	182
スライドショー	226
スライドショーの記録	227
スライドショーの設定	226
スライドのコピー	193
スライドの削除	195
スライドの作成	190
スライドのサムネイル	181
スライドの順番の変更	195
スライドの追加	191
スライドのデザイン	197
スライドの複製	193
スライドのレイアウト	205
スライドペイン	181
スライドマスター	208
生活支援アプリ	263
セクション	183
絶対参照	151
セル	113
セル結合の解除	146
セルサイズの変更	137
セル参照	150
セル内の文字の配置	74
セル内の文字の編集	115
［セルのオプション］ダイアログボックス	75
セルの結合	74,144
セルのコピー	121
セルのサイズ変更	76
セルの削除	122
セルの書式	134
セルの書式設定	74
［セルの書式設定］ダイアログボックス	142
セルのスタイル	143
セルの選択	3
セルの挿入	122
セルの塗りつぶし	136
セルの配置	75
セルの表示形式	115
セルの分割	74
セルの文字揃え	141
セルの余白	75
セルのロック	50
セル範囲	3,113
セル番地	113
セルを結合して中央揃え	144
選択クエリ	248
選択範囲内で中央	142
相対参照	150
ソーシャルネットワーキングサービス	263

タ

ダイアログボックス起動ツール	62
代替テキスト	56
タイトル	169

タイトルバー	59,113,181
タイトルプレースホルダー	205
代表的なデータベースソフト	241
タグ	110
たし算	149
縦（値）軸	169
縦棒タブ	88
タブ	88
［タブとリーダー］ダイアログボックス	89
タブマーカー	88
段組み	95
［段組み］ダイアログボックス	95
段落後に間隔を追加	80
段落書式	78
［段落］ダイアログボックス	79
段落の選択	3
段落前に間隔を追加	80
置換	10,19
中央揃え	78
中央揃えタブ	88
抽出	127
通貨型	247
通貨表示形式	116
積み上げグラフ	165
ツリー構造	43
ディスプレイの設定	229
データ型	247
データ系列	169
データのインポートとエクスポート	178
データの個数を求める関数	164
データの入力	115
データベース	240
データベースソフト	241
データベースで扱うデータ	240
データベースを構成するオブジェクト	245
テーブル	172,240
テーブルスタイル	174
テーブルとして書式設定	172
テーブルの解除	175
テーブルの作成	172
テーブル名	175
テーマ	67,197
テキスト（スペース区切り）	177
テキストフィルター	127
テキストをSmartArtに変換	211
添付ファイル	247
テンプレート	41
動画の挿入	212
ドキュメント検査	55
ドキュメントの暗号化	45
特定のユーザーの変更への対応	102
隣り合わせていないセルの選択	4
隣り合わせのセルの選択	4
ドラッグ アンド ドロップ	5
取り消し線	61
ドロー系ソフトウェア	262

■ナ

内容を拡大	217
長いテキスト	247
斜め線	135

ナビゲーション ウィンドウ	15
名前を付けて保存	10,44,176
［名前を付けて保存］ダイアログボックス	108,235
並べ替え	132
［並べ替え］ダイアログボックス	132
入力規則	250
入力支援	24
年賀状（住所録）	243
ノート	184
ノート印刷	234
ノートの編集	184
ノートペイン	181,184
ノートマスター	209

■ハ

パーセントスタイル	116
背景に画像を挿入	201
背景の書式設定	201
背景の塗りつぶし	198
ハイパーリンク型	247
配布資料	233
配布資料マスター	208
パスワードロック	45
パスワードを使用して暗号化	45
パッケージソフト	255
発行	235
貼り付け	10,11
貼り付けのオプション	15,116
範囲	113
範囲に変換	175
凡例	169
ひき算	149
引数	154
左インデント	81
左揃え	78
左揃えタブ	88
日付／時刻型	247
ビットマップ画像	262
ビデオの作成	237
表計算ソフト	112
表示画面を拡張する	230
表示画面を複製する	229
表示形式	115
表示選択ショートカット	59,182
表示モード	181
標準表示	181
［表のオプション］ダイアログボックス	75
表の挿入	69
［表のプロパティ］ダイアログボックス	75
ファイル形式	109,235
ファイルの作成	40
ファイルの種類の変更	108,176
ファイルの保存	43
ファイルを閉じる	43
ファイルを開く	10,42
フィールド	126,246,247
フィールド名	126,247
フィルター	127
フィルターの解除	131
フィルターボタン	127
フィルハンドル	121

フォーム	249	
フォント	61	
[フォント] ダイアログボックス	62	
フォントサイズ	61	
フォントサイズの拡大	61	
フォントサイズの縮小	61	
フォントの色	61	
複合参照	151	
複数セルの入力	115	
複数の行の高さの変更	138	
複数の列の幅の変更	138	
ブック	114	
ブックの切り替え	114	
ブックの保護	50	
フッター	96	
太字	61	
ぶら下げインデント	81	
フラッシュフィル	121	
フルページサイズのスライド	233	
プレースホルダー	205	
プレーンテキスト	110	
プレゼンテーションソフト	180	
プレゼンテーションの実行	226	
プロットエリア	169	
プロパティ	55,241	
文章校正	28	
文書の表示モード	59	
文書の保護	105	
平均を求める関数	157	
ペイント系ソフトウェア	262	
ペイントソフト	262	
ページ区切り	96	
ページサイズ	90	
[ページ設定] ダイアログボックス	99	
ページ番号	97	
[ページ番号の書式] ダイアログボックス	97	
べき乗	149	
ベクトル画像	262	
ヘッダー	96	
変更箇所を反映	101	
変更箇所を元に戻す	101	
変更履歴	101	
変更履歴ウィンドウ	102	
変更履歴の記録	100	
変更履歴の停止	100	
編集ウィンドウ	59,113	
編集記号の表示／非表示	88	
編集の制限	47,107	
編集補助機能	187	
棒グラフ	165	
保護（Excelブック）	50	
保護（Word文書）	47	
保護ビュー	44	
保護モード	47	
保存	235	

■ マ

マイクの設定	231
マクロウイルス	178
マクロ有効ブック	177,178
マスター表示	207

マルチメディアオーサリングツール	260
マルチモニター接続	229
右インデント	81
右揃え	78
右揃えタブ	88
短いテキスト	247
メタデータ	241
文字書式	61
文字列の選択	2
文字列の幅に合わせる	76
文字列を表に変換	71
元に戻す	6,10

■ ヤ

やり直し	6,10
ユーザー辞書	30
ユーザー設定の余白	91
有料アプリ	256
用紙サイズ	90
横（項目）軸	169
横方向に結合	144
余白	59,91
読み取り専用ビュー	44
読み取りパスワード	45

■ ラ

リッチテキスト	109
リハーサル	227
リボン、タブ	59,113,181
両端揃え	78
リレーショナルデータベース	244
リレーションシップ	245
ルーラー	59,82,187
ルックアップウィザード	247
レイアウトの変更	205
レコード	126,246
列	113
列の削除	123
列の選択	114
列の挿入	123
列の追加	73
列の幅	137
列の幅の自動調整	138
列番号	113
レポート	250
連続データ	121

■ ワ

ワークシート	113,114
ワークシートの選択	146
ワークブック	114
ワープロソフト	58
枠線	134
わり算	149

著者紹介

滝口 直樹 (たきぐち なおき)

明治大学兼任講師、専門学校非常勤講師、IC3認定インストラクター、MOS・情報処理試験対策講師、Webコンサルタント、Webディレクターなど。
大学時代はITを活用した教育について研究し、当時黎明期であったeラーニングに関わる職を求め、2001年に大手資格スクールに入社。情報システム部・企画開発部にて、デジタルコンテンツ制作・eラーニングプロジェクトを担当。
2006年に独立。個人事業を開業。Webコンサルティング・Webマーケティング・Webサイト制作・IT顧問を中心に活動。現在はフリーランスとして、各種学校で非常勤講師の他、通信講座への出演、執筆など活動の場を教育分野に広げる。

・主な著書
「ゼロからはじめる基本情報技術者の教科書」(とりい書房)
「ゼロからはじめるITパスポートの教科書」(とりい書房)
「文系女子のためのITパスポート合格テキスト＆問題集」(インプレス) など

デジタルリテラシーの基礎③
アプリケーションソフトの基礎知識
IC3 GS5 キーアプリケーションズ対応

2020年1月6日 初版第1刷発行

著　　　者	滝口 直樹	
発 行 ・ 編 集	株式会社オデッセイ コミュニケーションズ	
	〒100-0005　東京都千代田区丸の内3-3-1　新東京ビル	
	E-Mail：publish@odyssey-com.co.jp	
印 刷 ・ 製 本	中央精版印刷株式会社	
カバーデザイン	折原カズヒロ	
本文デザイン・DTP	株式会社シンクス	

・ 本書は著作権法上の保護を受けています。本書の一部または全部について（ソフトウェアおよびプログラムを含む）、株式会社オデッセイ コミュニケーションズから文書による許諾を得ずに、いかなる方法においても無断で複写、複製することは禁じられています。無断複製、転載は損害賠償、著作権上の罰則対象となることがあります。

・ 本書の内容に関するご質問は、上記の宛先まで書面、もしくはE-Mailにてお送りください。お電話によるご質問、および本書に記載されている内容以外のご質問には、一切お答えできません。あらかじめご了承ください。

・ 落丁・乱丁はお取り替えいたします。上記の宛先まで書面、もしくはE-Mailにてお問い合わせください。

©2020 Odyssey Communications, Inc.　ISBN978-4-908327-10-0　C3055